日曜日の自然観察入門

川上洋一 著

東京堂出版

はじめに

自然観察はいつでもどこでも誰でもできる趣味

身近な自然を観察して楽しむという趣味は、近年ではたいへん盛んになってきました。町のなかでも「こんな場所に自然なんか無いだろう」という先入観を取り払って注意深く観察してみると、意外な生きものを発見できます。ちょっとした探検家や科学者の気分が味わえたり、子ども時代の友人に出会ったような懐かしさを感じられるのも人気の秘密に違いありません。

また、公園や散歩道で自然観察のグループに出会うことも少なくないし、書店には町なかでも出会える生きものの写真集から観察のノウハウを解説したものまで、多くの本が並んでいるので、全くの初心者でも入門しやすい趣味と言えるでしょう。

しかし、上から下まで身なりを固め高価そうなカメラや双眼鏡を持った自然観察のスタイルを目にしたり、見たことも聞いたこともない生きものがずらりと並んだ入門書をのぞいてみて、何やら敷居が高そうな趣味だと感じる人も多いのではないでしょうか。自然観察のグループに加わって知識を持っている人から教わるという方法も、新しい人間関係を築くわけですから、それなりの気構えが必要になってきます。

そんな、身近な自然観察に興味はあるけれど踏み入る決心がつかず、入り口から中をのぞき込んでいるような人たち向けに、特別な道具や知識がなくても手軽に自然観察の楽しさが味わえる、文字通りの入門書はあまり無かったようです。40年以上にわたって自然観察会を開催するとともに、生き物の楽しさを紹介することを目的に本づくりをしてきた筆者としても、反省しなくてはなりません。

名前コレクターにならず、つながりを見つけよう

そこでこの本では、住宅地や都会での散歩の途中などにも、比較的簡単に見つけることのできる生きものをとりあげて、探し方や見分け方のコツ、隠れた面白さ、つい人に話したくなるような蘊蓄などをご紹介していこうと思います。見つけた生きものと絵合わせができるように、イラストもふんだんに使っているので、とくに図鑑を持ち歩かずにすみます。

そもそも、自然観察は生きものの名前を覚えることが目的ではありません。観察会でよく見かけるのは、目の前に表れた生きものの名前について、参加者が次々とガイドやリーダー役の人を質問攻めにし、それをノートやカメラに記録することで満足しているかに見える光

景です。確かに生きものの名前を知るのは自然と親しむための第一歩ですが、ただの「観察した生きものの名前や画像コレクター」で終わってしまうのも、もったいないことです。

この本で取り上げる生きものは、種類数は少ないものの、どれも他の生きものとの結びつきが強いものばかりです。例えば草花があればそれを食べる昆虫がやってくるし、虫が増えればそれを食べる鳥も集まってきます。

「食べる食べられる」という生き物同士のつながりがあれば、それは立派な生態系の一部。こうしたつながりを見つけることで、町のなかにも自然が息づいていることが実感できるに違いありません。この本での自然観察は、それを目的にしています。

「都市生物」なんていない

町のなかで見られる生きものは種類が少なく、他の生きものとのつながりも複雑ではない、いわば「単純化された自然」です。だからといってそれは「つまらない自然」ではなく、豊かな自然のなかでは捉えにくい姿を、エッセンスとして見せてくれる場合が少なくありません。この本でも紹介するように、少ない緑に集まっているため、町のなかの方が探すポイントを絞りやすく、観察しやすい生きものもいるほど。

しかしどの生きものも、自然のなかでの自分が占める位置を、都市という環境のなかに見いだしていることに変りはありません。マスコミなどでは、町のなかで見られる生きものに「都市生物」などというレッテルを貼ったりしていますが、都市に合わせて生き物が変化したのではなく、単純化されたわずかな自然に依存して生きている姿が、豊かな自然のなかにいる時と違って見えるだけのことです。

こうした町のなかの自然は都市によって違いますが、これは地理的な要因ばかりではなく、もともとそこにすんでいた生きものや町の成り立ち、経済や流通、流行までも大きくかかわっています。とくに長く同じ町にすんでいてその変化を身近に感じ、地元の歴史も知っている世代の人々にとっては、単に生きものの種類をたくさん知っているより、その町の自然の変化について広い視点で見ることができるに違いありません。

そうしたさまざまな要素を踏まえて観察するのも、町なかの自然について知る楽しみの一つ。身近な環境問題についても、センセーショナルに騒ぐマスコミの論調より、ずっと的確に捉えることができるでしょう。

もくじ

夏

秋

もくじ

冬

道具

自然観察に使う道具

基本的にこの本で紹介する生き物の観察には、野外で出会うバードウォッチャーやナチュラリストが持っているような、高価な装備は必要ありません。極端に言えば、この本1冊を持って行くだけでも十分に楽しめるはずです。

しかし、それを使うことによって観察の楽しみがぐっと広がる道具があることも確かです。いずれも、「確認」と「記録」という二つの役割のためのものと言えるでしょう。ルーペや双眼鏡は肉眼だけでは分からない細部の特徴を確認させてくれるし、ノートやカメラに記録しておけば備忘だけではなく名前を調べたりするのにも役立ちます。

筆記用具

フィールドノートとして使いやすいのは「LEVEL BOOK」や「SKETCH BOOK」の名で売られている緑の固い表紙のついたページサイズが9×16㎝の縦長の測量用ノート。片手でしっかり支えられるので、立ったままでも使いやすくできています。

書き込むのはBくらいの鉛筆が一番で、ボールペンやマーカーの場合は紙裏に抜けたり突然書けなくなったり雨で流れたりしないものを選んで下さい。消しゴムは必要なく、書き損じたら隣に書き直せばよいだけのこと。左上に穴を開けてちびた鉛筆を20㎝くらいのひもでつないでおくと便利です。日本でやっている人は多いのですが、海外に持って行ったら「初めて見た」「いいアイデアだ！」と好評でした。

ルーペ

直径が大きいものの方が見やすい気がしますが、レンズの性質上、大きな倍率を得るには厚くしなければならず、重くかさばるうえに像にゆがみが出やすいものになってしまいます。ポケットに入るようなサイズの場合、倍率は3倍前後のものが主流ですが、３枚のルーペが一組になっている「繰り出し式」と呼ばれるタイプは、重ねることによって6倍～8倍前後まで拡大することができて便利です。

あると便利な小物

容器／すばしこく動き回る昆虫や水の中にいる生きものは、透明な容器に入れると観察しやすいでしょう。プラスチックの小型水槽でも良いですが、ワンカップ焼酎などの２００㎖のペットボトルが、蓋もしっかり閉まって透明度もよく携帯向。また、10㎝四方くらいのチャック付きポリ袋は、翅を閉じたチョウやトンボを入れて観察すると、中で暴れないので重宝します。

ものさし／第一印象に驚いたのか「20㎝もあるイモムシがいた！」などと実際にはあり得ない報告をよく目にますが、自分の印象と正確なサイズにはかなりのギャップがあることが、ものさしを使うとよく分かります。透明なプラスチックの10㎝程度のものが、コンパクトで使いやすいでしょう。生きものを撮影する時にそばに置くと、実際の大きさも記録できます。

懐中電灯／夜の観察や木陰など暗い場所を見るのに便利です。手元を照らすだけなのでポケットに入るような小型のものでよく、ＬＥＤを使った製品が明るく長持ちなのでお奨め。大げさなようでもヘッドランプは両手が空くので観察向きです。

デジタルカメラ

記録用のアイテムとしてやはりデジタルカメラは必需品でしょう。画像を保存しておけば名前を調べることも容易だし、自分用の図鑑を作ることもできます。

一見すると一眼レフが良さそうですが、写真自体が趣味でない限りあまりお奨めしません。その理由は、ぶらりと町なかに出かけるような自然観察にはあまりに重いこと。さらに鳥も撮ったり虫も撮ったりと対象が変わる場合は交換レンズが必要になって、ますます手間も荷物も増えることがあげられます。

とは言ってもカードのようなコンパクトカメラでは物足りないという向きには、「ハイエンドコンデジ」と呼ばれる上級機がお奨め。こうした機種はコンパクトカメラとしては大型ですがその分だけ画像が美しく、条件によっては入門クラスの一眼レフに負けない画像を撮ることが可能です。何よりも1㎝まで近づけるマクロ機能と10倍を超えるズーム機能が、一台のカメラに備わっている場合も少なくないのが魅力と言えるでしょう。

さらに露出や絞り、シャッタースピードといった撮影モードが設定できたり、外付けのライトが使えたりと、カメラ任せでない自分好みの写真が撮れる機種もあります。液晶モニターの角度が変えられるものは、地面近くの花や昆虫をマクロ撮影するのにたいへん便利。時代遅れのように思われるファインダーも、かんかん照りの野外ではモニターが見えにくいので重宝します。多くの機種が備えている動画機能は、動き回る生きものを記録するのに向いています。

どのメーカーもハイエンド機については性能を競っているので、実際に手にとってみて自分が使いやすいものを選ぶと良いでしょう。値段は50000円前後とコンパクトカメラとしては高価ですが、一代前のモデルなどは性能がそれほど変わらなくても、カメラ量販店やインターネット通販などで驚くほど安くなっている場合があります。モデルチェンジしたら野外で使うのに便利だった機能が無くなってしまったものもあり、必ずしも新製品が良いとは限りません。

最近では、落とした時の衝撃に強く水中でも使用できるアウトドア向けカメラでも、レンズが明るいうえにズームやマクロ撮影の機能を備えたものもあるので、こうした機種を選んでもよいでしょう。

双眼鏡

バードウォッチャーが使っている三脚付きの望遠鏡（スポットスコープ）をのぞかせてもらうと、あまりに鳥がハッキリ近くに見えるのでつい欲しくなりますが、高価でかさばるので探鳥会（野鳥の観察会）に毎週のように行くつもりでも無ければ無用の長物になるだけ。

それでも鳥や動物を見るのに、双眼鏡があると無いとでは面白さが大きく違います。値段も性能もピンキリですが、コンサートで遠くのステージを見るようなオペラグラスではまず役に立ちません。といって倍率が高ければ良いわけではなく、10倍以上になると手ブレもひどく使いにくいので、多くのバードウォッチャーは8倍前後のものを愛用しています。ベルトポーチに入るサイズで8（倍率）×20〜30（レンズの口径）くらいがお奨めです。

気をつけたいのは、倍率の変わるズーム式双眼鏡は見づらく使いにくいだけなので、間違っても買わないこと。もし店員が奨めるようなら、自然観察に使う双眼鏡についての知識は無いと判断してよいでしょう。

値段は10000円台からのものが性能、アフターサービスともに安心ですが、それ以下の価格でも最低限の性能を備えている一流光学メーカーの製品が全く無いわけではありません。できれば実際に手にとって比較してみることをお勧めします。

（価格は定価ではなく量販店、ネット通販などの最安値）

春

去年の花・今年のチョウ

花ゲリラが増やしたオオアラセイトウ

何をもって春の訪れを感じるかは人さまざまではあるものの、やはりウメやサクラに代表される花々はその象徴と言えます。鮮やかな色彩に心躍るのはもちろんですが、人によっては「(今年の花は) 去年の花にあらず」という漢詩のように、また一年歳を重ねたことを花に投影する場合もあるでしょう。

しかし実際にも、去年咲いていた花が今年も咲いているとは限りません。月日が経つうちに目にする花の種類が入れ替わっている場合も少なくないのです。しかも、これまでもずっと咲いていたかのように気づかずにいることすらあります。

たとえば春になると町のなかでも至る所で見かけるオオアラセイトウ。ひざから腰ぐらいの高さに伸びて、花びらが4枚のうす紫色の花をたくさんつける草で、ショカツサイ、ムラサキハナナ、ハナダイコン（実は同名の別種があるので間違い）といったさまざまな名前でも知られています。葉を食用にする中国での呼び名「諸葛菜《しょかつ》」の語源は、かの三国志に登場する軍師・諸葛孔明にちなむとのこと。サクラの木の下などに一面に咲いていると、薄いピンクとのコントラストが美しく、いかにも春らしい華やかな光景です。

ところがこの花がよく見られるようになったのは、そう古いことではありません。原産地といわれる中国東部から観賞用として日本に渡って来たのは江戸時代といわれていますが、戦後しばらくまでは現在ほど目立つ存在ではありませんでした。1960年代以前には、花壇以外で見たことのある人は少ないのではないのでしょうか。1975年ごろに発行された図鑑にも「近年栽培が盛んになった」との記述がありました。

オオアラセイトウが現在のように広がったのは、「花ゲリラ」と呼ばれる人々の存在があったといわれています。道ばたや線路沿いの土手などに、こっそりタネをまいて歩いては、次の春に一面に咲き誇るようすを楽しんでいたことからこの名がつきました。とくに現在のように都内で急速に広がったのは、彼らの活動の成果のようです。

オオアラセイトウ

なかでも星薬科大学の前身である星薬学専門学校の初代校長・山口誠太郎は、中国から持ち帰ったタネを増やしては、各地に2万通も郵送していました。その活動には日中戦争への憂いと犠牲者への鎮魂の意味があったとのこと。オオアラセイトウは星薬科大学の校花にもなっています。

入れ替わってしまった「菜の花」

一方、これほど人の手を借りなくても、勢力を伸ばして日本の春を塗り替えてしまった花もあります。いや、この表現は正確ではありません。花の色や姿は昔からよく知られているものにそっくりなのに、違った種類に入れ替わってしまっているのです。

蕪村の俳句「菜の花や月は東に日は西に」や、山村暮鳥の「いちめんのなのはな　いちめんのなのはな…」という詩、小学校で習った歌「おぼろ月夜」の歌詞でも知られるように、畑を一面の黄色で被い尽くす菜の花（アブラナ）もまた、日本の春の風物詩とされてきました。

アブラナはヨーロッパが原産で中国を経由して縄文時代には渡来したといわれ、以前は種子から照明や食用に使う菜種油をとるために畑で広く栽培されました。明治以降はやはりヨーロッパから伝わったセイヨウアブラナにとって替わられましたが、戦後に農産物の自由化で海外から安い植物油が大量に入って来るようになったため、栽培面積はすっかり少なくなっています。

それでも「いや、旅行先などで一面の菜の花はよく見るし、家の近くの線路際にもいっぱい咲いている」と主張する人もいるかもしれません。実はその花の多くは、おそらくカラシナではないでしょうか。名前からも分かるように、種子から辛子（マスタード）をとるために栽培されてきた植物です。セイヨウカラシナなどと呼ばれることもあるので、比較的新しく日本に入ってきたようにも聞こえますが、すでに奈良時代には栽培されており、渡来したのは弥生時代ともいわれる、かなり古参の作物と言えるでしょう。

その姿形は、かつて日本の農村を彩っていたアブラナにそっくり。違いと言えば、茎の上の方につく葉の付け根が茎を抱き込むようになっているのがアブラナ、そうでないのがカラシナです。もっとも、「菜の花」とはアブラナだけを指す訳ではなく、畑に栽培され黄色い花をつけるアブラナ科の植物の総称。ちなみにアブラナはカブ、白菜、小松菜、チンゲンサイと同じ種類の植物が品種改良されてできたもので、カラシナも高菜やザーサイと

カラシナ

同じ種類の一品種と考えられています。

カラシナは環境への適応力が強くよく成長するので、今では関東より西の各地で野生化し、河原の土手などはもちろん、都市のなかでも道ばたや線路沿いなど至る所で目にします。場所によっては先述のオオアラセイトウと覇を競って、目にも鮮やかなうす紫色と黄色の絨毯に被われるような光景も珍しくありません。

春を彩る花々が、いつの間にか入れ替わってしまっているという事実には、複雑な思いをする人も多いかと思いますが、そんな人間の感情ばかりではなく、他の生き物との関わりにも少なからず影響を与えているようです。

チョウチョはなぜ菜の葉にとまる？

花との関わりの深い生きもので、最もよく目につくものと言えばやはりチョウではないでしょうか。実際にはミツバチやハナアブといった多くの昆虫も蜜や花粉を求めて花を訪れますが、色とりどりの翅をもったチョウが花のまわりをひらひらと飛び交うさまこそ、いかにも春を象徴する華やかな光景です。

小学校のころに習った歌でも謳われているように、オオアラセイトウやカラシナといったアブラナ科の植物が生えている所では、多くのチョウが見られます。なかでもとくに目につ

モンシロチョウ

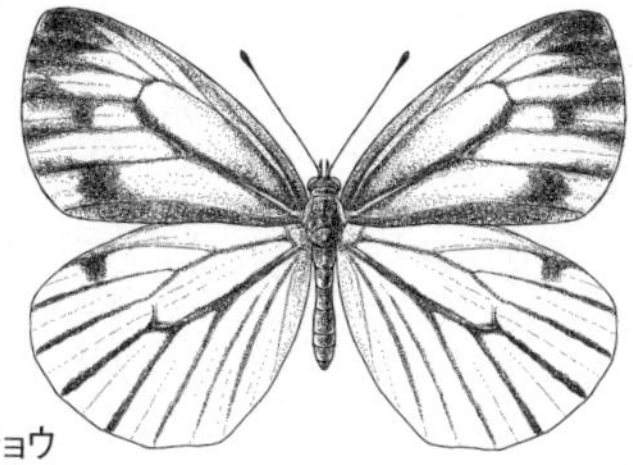

スジグロシロチョウ

くのは白いチョウ。その姿の通りシロチョウ科というグループに属する種類です。この仲間には幼虫のアオムシがアブラナ科の植物をエサとする種類が多いため、花の蜜を吸うだけでなく産卵のためにも集まって来ます。

シロチョウのなかで最もよく知られているのはモンシロチョウに違いありません。チョウに興味がなくても、ほとんどの人が名前だけは知っているほど、日本人に親しまれている種類ではないでしょうか。だからこのチョウがもともと日本にはすんでいなかった「移入種」だと言うと、信じられないという反応が圧倒的です。

モンシロチョウは奈良時代に中国からアブラナ科の作物とともに日本に渡ってきたという説が有力です。幼虫のエサ（食草）の好みが、キャベツとその品種であるブロッコリー、カリフラワー、ハボタンや、先述したアブラナやカラシナの品種などに、極端なまでに片寄っていることがその証拠。沖縄への侵入が確認されたのが、比較的最近の1958年といわれていることもそれを裏付けています。

ところが1960年代の高度経済成長期以降からごく最近まで、東京都内ではモンシロチョウがほとんど姿を消していました。これは、戦後しばらくまであちこちにあった自家用の家庭菜園などが消え、食草である作物が姿を消してしまったことと、都市の開発が進んで高層化したり住宅が密集したため、彼らの好む畑のような開けて明るい環境が少なくなってしまったためと考えられています。

しかしそんな時代でも、都内で白いチョウが飛んでいる姿は珍しくなかったのを記憶している人も多いでしょう。実はこのチョウ、飛んでいる時はモンシロチョウとそっくりで見分けにくいのですが、翅の裏の支脈に沿ってこげ茶色のすじをもつスジグロシロチョウだったのです。

このチョウの幼虫はモンシロチョウと違って畑の作物はあまり好まず、道ばたに生えるイヌガラシなどを食べるうえ、成虫も日陰の多い環境を好んで飛びます。さらに時を同じくして勢力を伸ばしてきたオオアラセイトウは、スジグロシロチョウの幼虫にとって格好の食草となりました。そのため都市化が進んだ東京でも、勢力を延ばすことができたと考えられています。

一方、東京と並ぶ大都市の大阪では、こうした交代劇は見られませんでした。それどころか、今でも淀川の土手などでよく見られるモンシロチョウに比べ、スジグロシロチョウは年々減少を続けており、すでに大阪市内では絶滅したのではないかとの声もあがっています。

これは、東京よりも歴史が９００年も古く平坦地の多い大阪では、ずっと早い時代から都市化が進んで緑地が少なかったため、本来は林の周辺などにすむスジグロシロチョウが、勢力を伸ばしずらかったのかもしれません。

地上げが呼んだ？チョウの里帰り

町のなかの「菜の花」のまわりでは、さらにもう一種、白いチョウが見られることがあります。やや小型でよく見ると前翅の先がとがっているツマキチョウです。なかにはその部分にオレンジ色のワンポイントをもつものがいますが、これはオスだけがもつ特徴。後翅の裏側にはオスメスともオリーブ色の複雑なまだら模様もあり、モンシロチョウなどと比べると、かなり繊細でシックな印象を受けます。他の2種との最も大きな違いは、現れるのが春に限られることです。

大阪市内では、神崎川や大和川といった周辺の市と境を接する川の河川敷などに生息地が限られますが、東京では23区のほぼ全てで目にすることができるでしょう。

しかしこのチョウ、実は東京からすっかり姿を消していた時期があります。１９６０年代までは区部のほとんどで見られたものが、そのころを境に数が減りはじめ、70年代には足立、葛飾、板橋といった区を除いて、ほとんど確認できなくなりました。林のまわりなどでよく見られるチョウだったので、都市化で緑地が減少したためというのが、多くの専門家の意見でした。

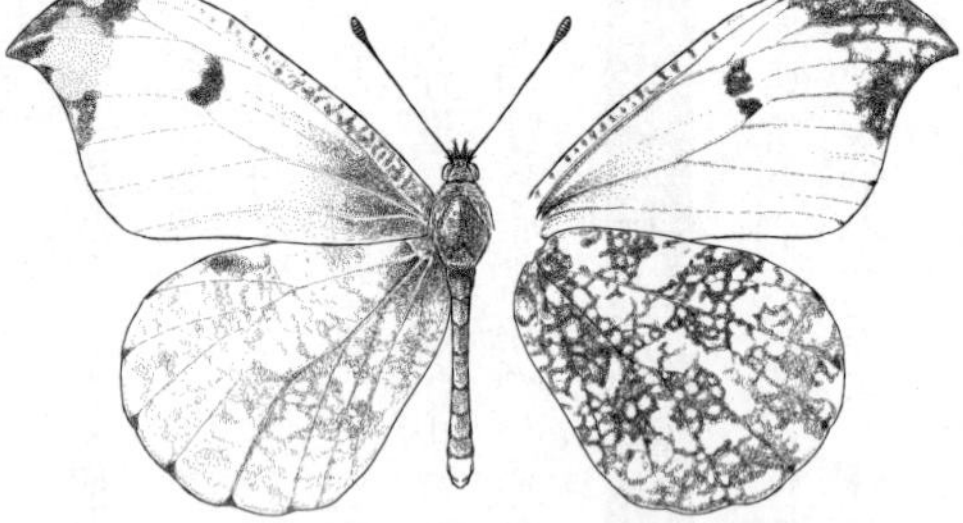

ツマキチョウ　裏側

ところが85年ころから、区部のあちこちでツマキチョウを見たという情報が寄せられるようになります。くわしく調べてみると周辺の緑地の多い区ばかりでなく、新宿区や港区といった都心部でも次々と見つかり、ほぼ20年ぶりに東京に舞い戻ってきたことが明らかになりました。

これは一見、東京に自然が甦ってきたかのように見えますが、話はそれほど単純ではありません。かつてツマキチョウの幼虫は、空き地や川べり、林のまわりなどに生えているイヌガラシやタネツケバナといった小さな草を食べていました。ところが復活してきた彼らがエサにしていたのは、主にオオアラセイトウ。幼虫はとくにつぼみや若い実を好むので、本来の食草よりもはるかに大きく、沢山のつぼみや実をつけるこの植物はうってつけです。どうやら彼らは、いなくなっていた20年の間にすっかり数を増やしたオオアラセイトウを新たなエサとすることによって、再び東京に返り咲いたと考えられています。

さらにツマキチョウが目立つようになった80年代後半はバブル経済のまっただ中。都内の地価はうなぎ登りで、投機を当て込んで土地を買いあさり、住民を追い出して更地にする「地上げ」の嵐が吹き荒れていました。ビルの谷間に生まれたこうした空き地も、半日陰の草地を好むツマキチョウにとって絶好の生息環境を提供していたという説もあります。

チョウが見ている花の色は？

シロチョウ盛衰の歴史はこれくらいにして、実際に花を訪れるチョウたちのようすを観察してみましょう。彼らが花を訪れる一番の目的は花の蜜を吸うため。これはチョウばかりではなく花にとっても大きなメリットがあります。チョウは蜜から活動や産卵のためのエネルギーを得ているのはもちろんですが、花の方もチョウたちが花粉を媒介してくれるおかげで、種子を実らせることができるわけです。

アゲハ
（ナミアゲハ）

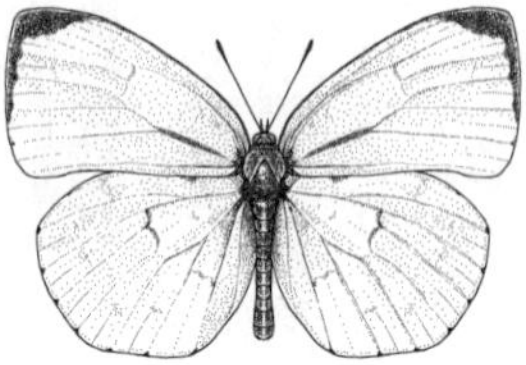

キタキチョウ

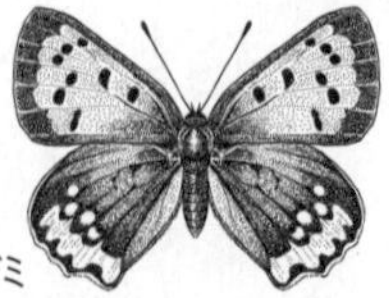

ベニシジミ

花と昆虫のこうした関係は、花を咲かせる「被子植物」が恐竜の時代に地球上に誕生した時から続いてきました。花はより目立って昆虫を引きつけられるように進化し、昆虫も効率よく蜜や花粉を利用できるように体のしくみや習性を変えてきたのです。こうした関係は「共進化」と呼ばれています。

チョウに好みの花があることは、研究者や愛好家の間でよく知られています。たとえば、ツツジの花には次から次へとアゲハの仲間が飛んで来ます。一方、春の花の定番と思われているチューリップには、ほとんど集まりません。絵本などでよく見る、チューリップが咲き乱れる上をチョウが飛び交うという光景は、まさしく「絵空事」と言えるでしょう。

身近な春の花でチョウに好まれているの

は、タンポポ、マーガレット、ハルジオン、シロツメクサ（クローバー）、アカツメクサなどの他、オオアラセイトウやカラシナも人気。こうした花の近くで待っていれば、多くの種類のチョウに出会うことができます。先にあげた種類の他にも、全体がレモンイエローのキタキチョウ、大型で黄色と黒の縞模様をもつアゲハ（ナミアゲハ）、小型だけれどオレンジ色の前ばねが鮮やかなベニシジミなどが、都会でも見られる代表的な種類です。

ただし、チョウの種類によって好みは微妙に違い、モンシロチョウを例にあげると、白、黄色、紫といった色の花には引きつけられますが、赤い花にはほとんど集まりません。これは、色を関知できる範囲が人間と違うので、赤い色が見えないためと考えられています。

そのかわり、彼らの目は人間には見えない紫外線を感じることができます。これを利用して、アブラナは花の中心近くに紫外線を吸収する模様をもち、蜜のありかをより強調してチョウにアピールしています。また、人間には同じように見えるこのチョウのオスとメス同士も、翅の紫外線の吸収率の違いによって互いを見分けているようです。

チョウは好きでもアオムシは嫌い？

ところで、オオアラセイトウやカラシナといったアブラナ科の植物に集まるチョウは、花に蜜を吸いに来ているだけではありません。先に述べたようにシロチョウの仲間はこれらの植物を幼虫のエサ（食草）としています。飛んでいるシロチョウをよく観察してみると、なかには花でない場所にしばらく止まっては、またよそへと移動しているものを見かけます。もし止まった時に腹の先を曲げているようすが観察できるようなら、メスが卵を産んでいる可能性が高いでしょう。

卵を産むのは、多くの花が密生している場所よりも、離れた場所や日陰などに数株だけがぽつんと生えているような場合が多いようです。産卵する場所は葉の裏やつぼみの付け根。数が多い葉を一枚ずつ裏返していくより、つぼみを探した方が見つけやすいかもしれません。紡錘《ぼうすい》型の白い卵は産みつけられて数日するとオレンジ色に変わりよく目立ちます。

花が終わる頃になると、今度は幼虫のアオムシが目につくようになります。葉に食べ跡がついていれば、近くにいる場合が少なくありません。もし家の近所で幼虫を見つけたなら、葉ごと切りとって持ち帰り、サナギになってチョウが羽化するまで飼育をしてみることをお勧めします。

容器は梅干しを入れるようなポリエチレンの透明カップで十分です。底にはティッシュペーパーをしき、フンや食べかすを毎日掃除してエサを取り替えます。このとき幼虫に触らないことが上手に飼うコツ。サナギになる前は毎日ビックリするほど葉を食べるので、足りなくなる前に追加してください。やがて何も食べなくなり、容器のなかをしばらくウロウロと歩きまわるようになれば、サナギになるのは間近です。春の時期なら卵からサナギになるまで約1ヶ月。サナギになったら1週間ほどでチョウが羽化してくるでしょう。

しわだらけの翅を次第に伸ばしてチョウになる姿は一見の価値があり、今までイモムシ嫌いだった人が感動してファンになってしまったという例もあるほど。羽化したチョウは近所から幼虫を持ち帰ったものなら窓から外へ放してやってもかまいません。ただ、遠くから採ってきたものの場合は、その場所まで持って行って放すのがルールです。

ツマキチョウの場合は来年の春まで羽化しないので、死んだと思って捨てないように。家のなかで一番気温が低い場所で保管します。ただし冷蔵庫に入れてはいけません。

ガーデニングブームが呼んだ南国のチョウ

都会で見られる花とチョウの関係はこれだけではありません。花壇やプランターに植えられた花を足がかりに、勢力を広げているチョウもいます。これは人間の経済活動が、チョウに大きな影響を与えた例の一つです。

庭や公園で見られる春の花で、最も人気があるものの一つがパンジーであることは間違いないでしょう。品種改良でさまざまな色や大きさがあるうえ、花をつけている時期も長く栽培も難しくありません。

パンジーの葉を食草としているのがタテハチョウのなかまのツマグロヒョウモンです。明るいオレンジ色の翅にヒョウ柄の模様を散らしたアゲハチョウよりやや小型の種類で、メスの前ばねの先端は黒く白い帯があります。モンシロチョウなどと比べるとずっと軽快なスピードで飛びまわり、秋口にはコスモスやセイタカアワダチソウの花に蜜を吸いに来る姿が都会でもよく見られます。

園芸が好きな人のなかには、真っ黒い体の背中にオレンジ色の帯が走り、2色の鋭いトゲを全身に生やした派手なイモムシが、パンジーの葉に止まっていたり道をせかせかと歩いている姿を見て驚いた経験はないでしょうか。実はこれがツマグロヒョウモンの幼虫。いかにも毒があって刺されると大変なことになりそうですが、実際は見かけ倒しで触ってもまったく危害を受けることはありません。もっとも、パンジーの葉を盛んに食い荒らすので、園芸家にとってにっくき「害虫」であることには変わりませんが。

このチョウはもともと静岡県より西の本州から沖縄にかけてすんでいた種類で、かつては関東地方で見られることはありませんでした。ところが1990年代から関東にも姿を現わしはじめ、2005年ころからは東京都内でもごく普通に見られるようになっています。

ちょうど地球温暖化問題が大きくマスコミで取り上げられていた時期なので、このチョウが勢力を広げてきたのもその影響ではないかと言われていました。しかし1990年代後半

ツマグロヒョウモン

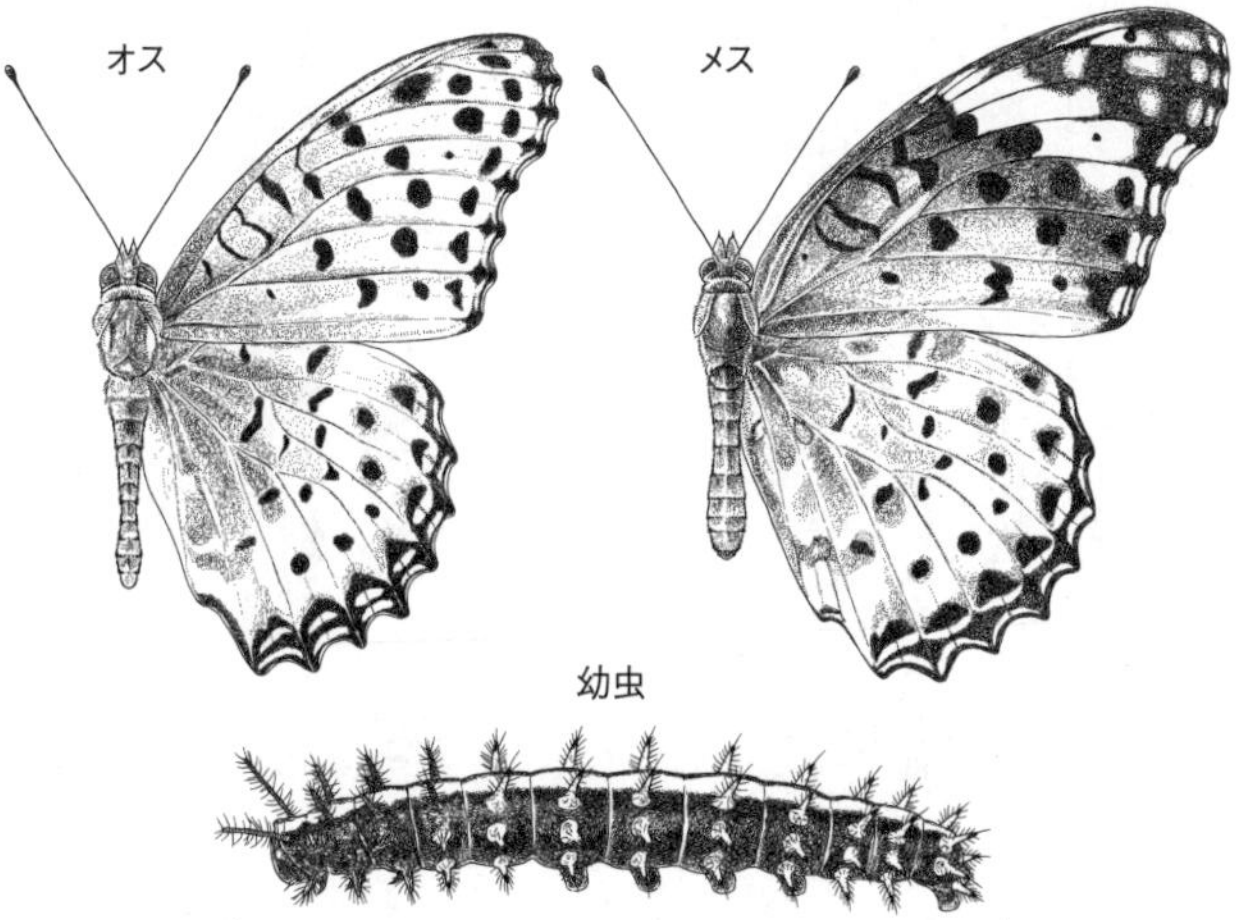

のガーデニングブーム以来、もともとツマグロヒョウモンがすんでいた愛知県や奈良県の園芸農家からは、毎年１００万株以上のパンジーが関東に流通しています。これに卵や幼虫がついて運ばれてきたと考える方が、はるかに説得力があるのではないでしょうか。花を育てる際にむやみに農薬を使わなくなったことも影響しているかもしれません。温度が上がれば南の生き物がすみつくというような単純な話ではないのです。

　いずれにしても、身近で見られる花もチョウも、よく調べてみると時代とともに大きく変化しているのが分かるでしょう。

街路樹は小さな森林

増えた街路樹　減った街路樹

サクラが終わると緑の少ない都会にも新緑の季節がやって来ます。落葉樹のケヤキやサクラばかりでなく、冬でも葉を落とさない常緑樹のクスノキやタブノキの芽吹きも美しさでは負けていません。こうした身近な街路樹や公園の木々は、たとえ人工的に植えられたもので、森や林ほどまとまっていなくても、そこにすむ人間にとってはもちろん、生きものにとっても貴重な存在です。

東京では戦前には10万本あった街路樹が、空襲で焼けたり燃料として伐り倒されたりしたため、終戦時には３５０００本へと減少。そこで戦後は一環して増加が計られ、２００６年までに約48万本、将来的には１００万本にする計画が立てられています。

市街地の緑に覆われた面積の割合を示す「緑被率」が、東京と比較すると半分程度で緑が少ないと言われてきた大阪も、30年前と比較すれば2倍近い10％に増加し、街路樹の数も約８７０００本にまでなりました。少なくとも街路樹に関しては、都市の緑は昔よりずっと豊かになったと言えるでしょう。

ただし街路樹にも花と同じように種類の変遷があり、昔と今では植えられている木が大きく違っています。たとえば2006年の統計では、東京の人気街路樹ベスト5は、上から順にイチョウ63,217本、ハナミズキ55,712本、サクラ39,550本、トウカエデ37,641本、スズカケノキ（プラタナス）37,245本でした。ところが30年前の1976年の順位では、1位スズカケノキ、2位イチョウ、3位トウカエデ、4位ヤナギ、5位サクラとなっていて、首位を明け渡したスズカケノキは約2／3にまで減っています。

さらにハナミズキとヤナギの盛衰は対照的で、前者が250本から約220倍にも増えた反面、後者は14,778本あったものが、1／3の4,854本にまで減少しました。

この交代劇は歌謡曲にも反映しているようで、1932年に発売され長く歌い継がれてきた「銀座の柳」に対し、2004年には一青窈《ひととよう》の「ハナミズキ」がヒットチャートを賑わしたのは記憶に新しいところ。歌の題名になっても誰もが分かるくらい、この木がポピュラーな存在になったという証拠でしょうか。

この他にも、ポプラ（1／5）、ニセアカシア（1／2以下）、トネリコ（1／2）などが数を減らし、コブシ（65倍）、クスノキ（42倍）、ヤマモモ（10倍）、マテバシイ（6・5倍）などが増えています。こうした変化は、華やかな花木や実のなる木、落ち葉が少ない常緑樹といった樹種を、都市の住民が求めるようになった結果と言えるかも知れません。しかしその影響は町の景観だけではなく、多くの生きものにも及んでいます。

街路樹のふるさと照葉樹林

近年の街路樹に見られる傾向の一つとして、これまで紹介したクスノキ、タブノキ、ヤマモモなどのほかにも、マテバシイ、ホルトノキといった「照葉樹」がよく植えられるようになったことがあげられます。照葉樹とは耳慣れない言葉かもしれませんが、名前の通り葉に光を照り返すようなつやがあり、冬でも葉を落とさない常緑広葉樹のこと。

かつて照葉樹の森は、温暖な沖縄から西日本を中心に東北の沿岸まで広く分布しており、「照葉樹林帯」と呼ばれる日本の平地の代表的な原生林でした。北日本や山地の原生林であるブナ・ミズナラなどの落葉広葉樹林とは対照的に一年を通じて暗く、明るい林を見慣れた現代人の感覚からすると、かなり圧迫感のある森に感じるかもしれません。

しかし照葉樹林帯のあった地域は、早くから人間の活動が盛んで都市も発達したため、ほとんどの森は伐り倒されて、町や田畑、雑木林、スギ・ヒノキの植林地などに姿を変えてしまいました。今でも残っているのは、神聖な場所とされた神社の周りの「鎮守の森」や、宮崎県綾町に残された「照葉の森」など、ごくわずかです。

手つかずの森はほとんど無くなってしまったものの、そこに生えていた植物はさまざまな形で日本人の暮らしの近くで生き続けています。たとえば、寺や神社、屋敷林などに植えられ、大木になっているものも多いシイやカシは、照葉樹林を代表する植物。庭木のヤツデやアオキ、生垣によく使われるマサキ、イヌツゲ、ネズミモチなども同様です。古くからの園芸植物では、オモト、ツバキ、カンアオイがあげられます。

街路樹の場合も、日本の大きな都市はその多くがもともと照葉樹林帯があった地域に発達したので、こうした植物が生育するための気候風土などの条件は最適です。暗い森のなかに生えているものも多いため、ビルや住宅が建て込んで日当たりの悪い都市の環境にも耐えられます。わざわざスズカケノキやニセアカシアといった外来の植物を使うよりずっと合理的なのも、照葉樹がよく使われるようになった一つの理由でしょう。

クスノキが増やしたアオスジアゲハ

東京の街路樹のなかで最も多い照葉樹は、19、876本を占めてベストテン7位のクスノキです。大阪でも5、700本で3位、福岡でも5位に入っており、街路樹ばかりではなく公園などにも植えられ、都市の緑化によく利用される木の一つと言えるでしょう。昔から神社のご神木として植えられることも多く、日本最大とも言われる鹿児島県蒲生町八幡神社の「蒲生の大楠」（樹高30ｍ、周囲24ｍ、推定樹齢８００年）をはじめ、天然記念物になっているものも少なくありません。

　これは、西日本から東北南部の照葉樹林帯がもともとの分布域であることに加え、成長が早く大木になり寿命も長いこと、大気汚染に比較的強いこと、防虫剤であるショウノウの原料という効果か目立った病虫害が無いこと、初夏の芽生えが赤く美しいことなど、さまざまな利点を兼ね備えていることが理由としてあげられます。

　クスノキがよく植えられるようになったことで、勢力を伸ばしてきた生きものがアオスジアゲハ。広げると６㎝ほどの黒い翅に名前の由来となった透き通った青い筋が目立つアゲハチョウで、東京や大阪のビル街でも街路樹や植込みの上を敏捷に飛び回っては、フェンスに絡んだヤブカラシの花などを訪れる光景をよく目にします。

　しかし１９６０年代の東京の住宅街では、アオスジアゲハはそれほどよく見られる種類ではありませんでした。当時はまだ少なくなかった昆虫少年にとっては、神社のクスノキの決して手が届かない梢高くを飛ぶ姿をチラリと見かける程度で、垂涎の的だった記憶がありまず。それが１９８０年代には都心で最もよく見かけるチョウの一つになっていました。

　アオスジアゲハが増えたのは、幼虫が葉をエサとしているクスノキがたくさん植えられたせいではないかと考えられています。もともと本州以南から東南アジア・オーストラリアま

アオスジアゲハ

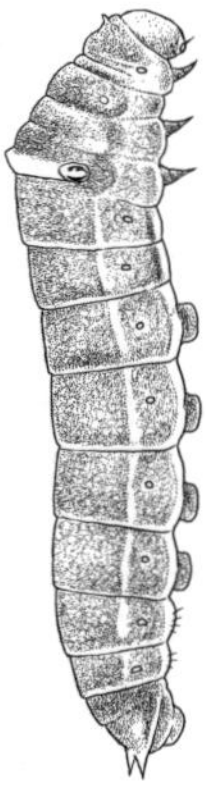

幼虫

で広く分布する南方系のチョウのせいか、地球温暖化との関係があるかのように言われたりもしますが、幼虫の食べ物の量が42倍にも増えれば、前の章で紹介したツマグロヒョウモンのように、数が多くなるのは当然と考えた方が自然でしょう。先に述べたようにクスノキは病虫害が少なく、アオスジアゲハの幼虫が集団で葉を食い荒らすこともないので、殺虫剤の散布があまり行なわれないのも都合がよかったようです。

幼虫は小さい時だけ茶色でトゲがあり、大きくなるに従って緑色に変って、小さな目玉のような一対の模様を持つ4㎝ほどの「ユズボウ」と呼ばれるイモムシになります。驚かすと頭から刺激臭のある2本のツノを伸ばすのも特徴のひとつ。成虫をよく見かけるような場所に植えられたクスノキの若葉をよく探してみると見つかるかもしれません。

成長しきった幼虫は葉の裏などでとがったツノのあるサナギになり、5月から10月にかけてチョウが羽化します。卵から成長をくり返して羽化する回数が、東北では年2回、東京や大阪では3回、九州では4回と、南に行くほど多くなるのは、南方系のチョウである証しと言えるでしょう。

クスノキとアオスジアゲハの関係は、人工的に見える都市の緑も単に見た目の効用だけではなく、生きもの同士の「食べる食べられる」というつながりが生態系の一部を形づくっている、れっきとした自然であることを教えてくれます。

生きものが大発生しやすい都市の緑

都市の緑をめぐっては、植えられる植物の種類や量の変化によって、これまで姿を見かけなかったさまざまな生き物が増えている例がいくつもあげられます。

たとえばクスノキ科のタブノキも、近年になって街路樹や公園でよく見られるようになった照葉樹。クスノキ同様に成長が早いうえ大気汚染に強く芽生えも美しいなど共通の性質も多く、やはりアオスジアゲハの食樹でもあります。より北の地方や海岸近くにも多いのが特徴で、東京湾岸や阪神の埋め立て地などにも盛んに植えられています。

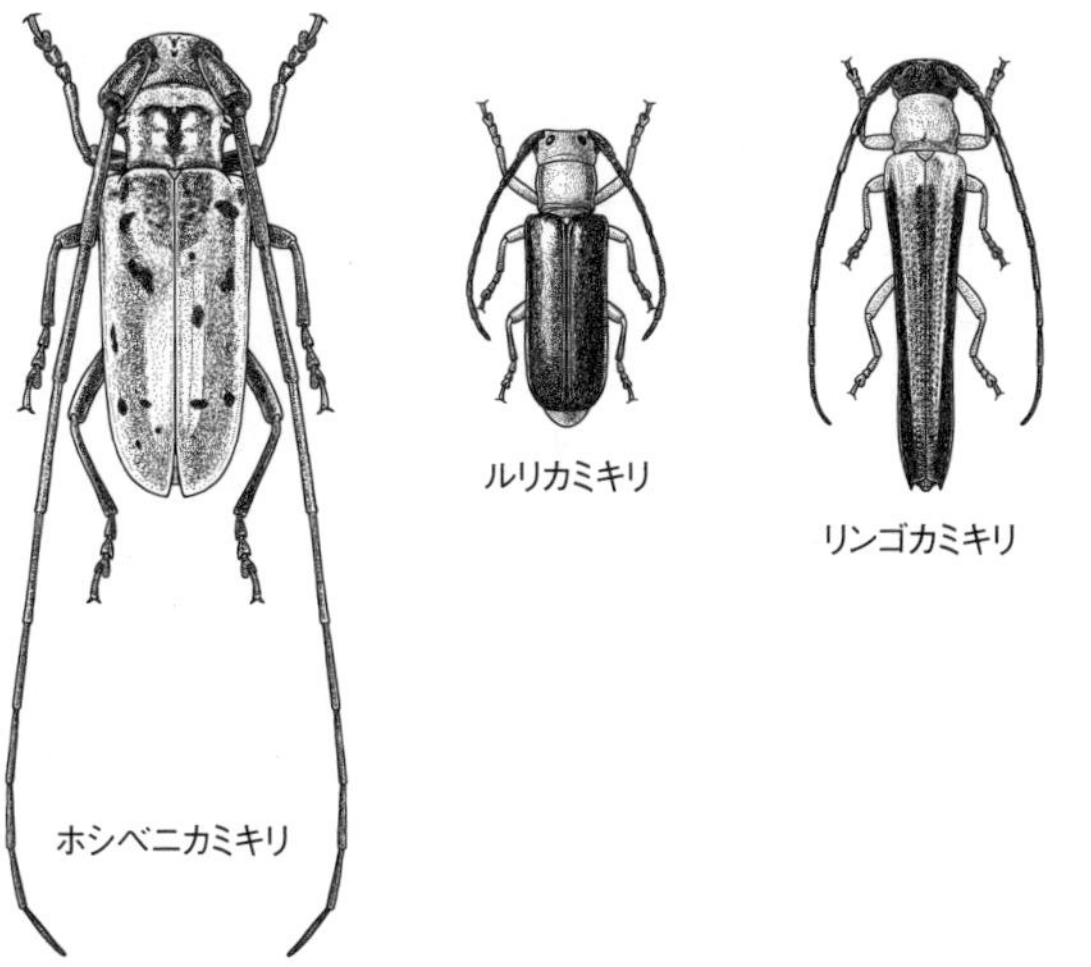

　こうした都市のタブノキのおかげで増えてきたがホシベニカミキリ。名前の通り鮮やかな赤い体に黒い点を散らし、長いヒゲをもった体長2㎝強のカミキリムシで、5〜8月にかけて現れます。体の色のせいか、日本の昆虫としてはかなりエキゾチックな印象です。成虫は新しい葉を食べて丸く穴を開けたり、産卵のために直径5〜10㎝ほどの枝の皮の部分を長さ7㎝ほどの長円形にかじり、場所によっては大発生して枝を枯らしてしまうため、害虫として扱われることも少なくありません。

　また、赤く鮮やかな芽生えで「レッドロビン」の園芸品種名で知られ、生垣としての人気が上昇しているカナメモチには、これまで住宅地には少なかったルリカミキリやリンゴカミキリが見られるようになって昆虫好きを喜ばせています。

カミキリムシの幼虫の多くは生きた木の幹や枝にトンネルを掘って食べ進みながら成長しますが、種類によって食べる木がほぼ決まっているので、特定の植物が増えた場合は、その影響を顕著に受けることも多いようです。

もっとも、増えた昆虫は見た目がきれいなカミキリムシばかりではありません。2003年ごろに東京や大阪といった都市で、チャドクガの幼虫（P153）による被害が急増し、マスコミでも大きく報道されました。この蛾は名前の通り幼虫がチャの葉を食べますが、同じ科に属するツバキやサザンカも大好きで、時には大発生することもあります。

チャドクガの幼虫は、白い線が走るオレンジ色の体に黒い点が並び、よく目立つ「刺毛」のほかに細かい「毒針毛」が生えたケムシ。触れると皮膚が炎症を起こして赤くはれあがり、ひどいかゆみが1〜2週間も続きます。毒針毛は抜けて葉に付着したり風で飛んだりするため、幼虫に直接触れなくても炎症を起こす場合が珍しくありません。

当時は公園で遊ぶ子供にも被害が続出したため大問題となりましたが、これも花の美しさや管理のしやすさからツバキやサザンカばかりを植えたことが、大発生を招いたと言えそうです。食料がたくさんあって気象などの発育の条件が良ければ、昆虫はどんどん増えることができます。また、野鳥や肉食の昆虫といった天敵の少ない都市の自然環境も、チャドクガにとって都合がよかったのでしょう。

生きものの種類が多い豊かな自然環境では、一種類ばかりが増えるような大発生は普段あまり起こりません。さまざまな生きもの同士の間で「食べる食べられる」の関係が複雑に絡み合い、バランスがとれているためです。そんな点から見ても人工的な都市の緑は、昆虫などの「野生生物」を育んではいるものの、バランスを崩しやすい不安定な自然であるとも言えます。

アメリカシロヒトリの行方

ケムシの大発生と言うと50代以上の読者の記憶に強く残っているのは、戦後のアメリカシロヒトリ騒動ではないでしょうか。１９４８年の晩夏に東京や横浜で多数の幼虫が見つかったのを皮切りに各地で大発生し、街路樹や庭木を丸坊主にしたため、新聞やニュース映画でも「恐るべきニューフェイス」として取り上げられました。自治体によっては「一斉防除の日」を定めて、当時は使用規制されていなかったＤＤＴなどの農薬を撒いたり、網のような巣に群れになっている幼虫を焼き殺すなど、町をあげての対策がとられたほど。

この虫は名前からも分かるようにアメリカからの移入種で、戦後進駐して来たアメリカ軍の物資について侵入したとも、戦時中にアメリカ軍の撒いた宣伝ビラに卵やサナギがついて

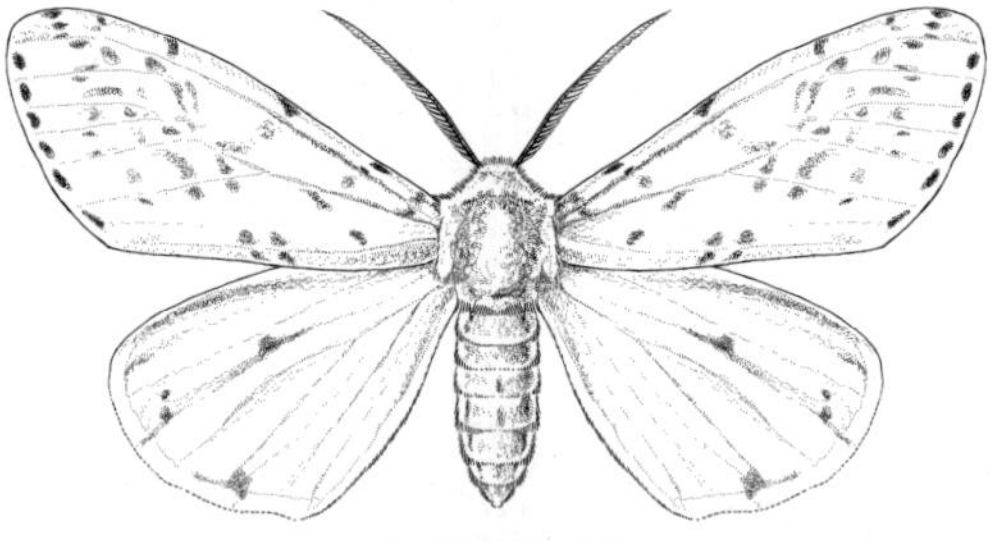

アメリカシロヒトリ

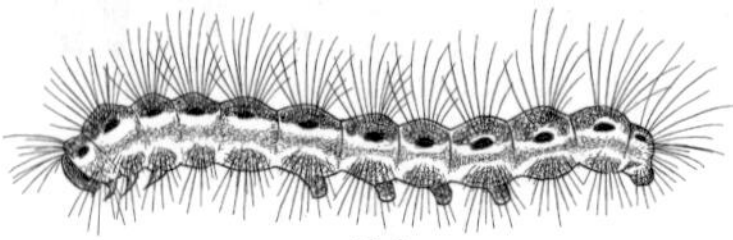

幼虫

いたとも言われています。幼虫はふつう年に2回発生し、体長３㎝ほどに成長して長い毛におおわれていますが、毒はないのでチャドクガのような被害はありません。

　ちなみに日本には６０００種以上の蛾がいて、幼虫がケムシになるものも少なくありませんが、人体に害のあるものは10数種だけ。ケムシというだけで無闇に恐れるより、害のある種類だけを覚えておいた方が被害を未然に防げるし、精神的にも楽になります。ケムシに接する機会がはるかに多いはずの研究者や愛好家が、刺されたという話はあまり聞きません。まさに「敵を知って闘えば百戦危うからず」です。

　アメリカシロヒトリが大きな問題になった理由は、幼虫の食べ物の幅が非常に広かったこともあげられるでしょう。最初はスズカケノキ、アメリカフウ、サクラなどに限られていた被害が、ウメ、カキ、クリといった果樹や、クワ、キリのような有用樹、ダイズ、ナスなどの作物まで、確認されているだけで３００種にも広がるにつれ、海外から来た害虫に日本じゅうの緑が食いつくされるという危機感が高まったのかも知れません。また、侵入から四半世紀もたたないうちに、北海道、九州の一部、沖縄を除く全国に被害が広がったスピードも、恐怖心を煽ったと考えられます。

こうした爆発的な被害の拡大は、アメリカシロヒトリに限らず海外から移入種が侵入した直後によく見られる現象です。逆にアメリカでは20世紀初頭に日本から侵入したマメコガネが大発生して、重要な作物のダイズをはじめ２５０種もの植物を食い荒らして莫大な被害を引き起こしました。

しかし「ジャパニーズビートル」とまで呼ばれて忌み嫌われたマメコガネも、日本での被害はそれほど目立ちません。これは寄生蜂などの天敵や同じエサを食べる競争相手の昆虫がいるため、１種類だけが大発生できないと考えられています。同じようにアメリカシロヒトリも原産地では目立つほどの大発生は無いようです。

近年では日本でのアメリカシロヒトリの大発生はあまり見られなくなり、わざわざ探そうとしても見つからないことがあるほど。とくに侵入当初に心配された自然林への定着がほとんどなかったのは、豊かな自然環境には鳥などの天敵が多いためと考えられます。今後も都市の緑化が進んで野鳥が増えれば、さらに少なくなる可能性もあるでしょう。

前にも述べたように終戦直後の都市の緑は、戦災によって今とは比べものにならないくらい貧弱になり、種類も偏っていました。海外から侵入した昆虫の大発生を易々と許してしまうほど、バランスの崩れた状態だったのかも知れません。

町にすみついた森の鳥

街路樹と昆虫の関係ばかりを紹介してきましたが、町の緑の変化に伴って、野鳥の顔ぶれも変わってきました。バードウォッチャーのように図鑑と首っ引きで双眼鏡をのぞかなくても、身近に見られる鳥からそれを知ることができます。

なかでも１９８０年ごろから都市でもよく見かけるようになったのが、スズメくらいの小型のキツツキ・コゲラ。こげ茶色の体に白い横縞が目立ち、木の幹をはい回るように上り下りしながらエサを探しては、時おり木の中にいる虫を鋭いくちばしでつつき出し食べているので、比較的容易に見分けがつきます。

東京都内では、ビルに囲まれた日比谷公園や新宿中央公園でも姿が見られ、緑が豊かな小石川植物園や新宿御苑では繁殖も確認されました。周辺の街路樹で見かけることも珍しくないようです。大阪市内でも、1990年代になって初めて大阪城公園で繁殖しているのが確認され、現在では鶴見緑地や長居公園でも繁殖しています。福岡でも市内の大濠公園などで姿を見られるようになりました。

ところが東京周辺の1930年代の記録によると、当時のコゲラの生息地は郊外だけで、現在のように都内で見られる鳥ではありませんでした。そのころの東京郊外が、雑木林と畑が入り組んで武蔵野の面影を色濃く残していたことを考えると、現在の都内の自然環境が同じように回復したためにコゲラがすみつくようになったとは言えないでしょう。彼らと対照的に、サンショウクイやサンコウチョウといった多くの鳥が姿を消してしまったのは、都内の自然が失われた結果であることは明らかです。

コゲラ

どうやらコゲラが都市にやって来た一つの理由は、街路樹や公園に植えられた木の老齢化にあるようです。戦後60年以上が過ぎて、当時盛んに植樹された木には枯れ枝が目立つものも少なくありません。枯れた木は、前にも紹介したカミキリムシなどの幼虫にとって絶好の食料。こうした幼虫をエサにし、また枯れ枝に穴を掘って巣をつくるコゲラには、たいへんすみやすい環境が生まれたわけです。近所の公園でも、ある程度の広さがあり大きく古い木が目立つようなら、出会うことも難しくないでしょう。

　キツツキは豊かな自然環境にすむというイメージから、コゲラの都市進出は自然が回復してきた結果のように思われがちですが、木の老齢化という現象がたまたま彼らにとって都合がよかっただけのようです。アオスジアゲハなどの場合と同様、ある特定の生きものが増えたからと言って、すぐに自然が戻ってきたと喜ぶのは、いささか早合点と言えます。

スズメ

　その一方で、最もありふれた鳥と思われていたスズメが、近年急激に数を減らしていることがマスコミでも報じられて話題になりました。岩手医科大学と立教大学の共同研究によると、2007年のスズメの数は1990年頃と比べ、多めに見積もっても1／2、少なく見積もると1／5にまで減少したと推定されています。とくに都会ではそれが著しく、ヒナが巣立つ数も農村では2羽なのに対し、住宅地では1・8羽と10％減、商店街やオフィス街では1・4羽と30％も減ったほど。家のまわりで見られる鳥がスズメだと思っていたら、いつの間にか種類が入れ替わっていたということも起りかねません。

この原因は、草の種などをあさることのできる空地やむき出しの地面が少なくなったことによるエサ不足、建物の気密性が良くなって屋根瓦の下などの巣を作れるすき間が減ったための住宅不足などが考えられるようです。稲作が始まって以来数千年に渡って日本人と共存してきたスズメがすめなくなった環境は、やはり豊かとは言えないでしょう。

都市にすむ生きものを詳しく観察してみると、街路樹などの緑が増えただけでは、必ずしも自然が回復してきたとは言えないことが分かります。

水辺が呼んでいる

晴れた日は汗ばむような季節になると水辺が恋しくなってきます。都市の水辺は人々の憩いの場であると同時に、生きものの観察にも見逃せないポイント。水面の上からのぞいているだけでは様子が分からない生きものも多いので、いきおい観察には網で捕らえたり釣ったりといったアクティブな行動が伴う場合が多いのも楽しみの一つです。

かつて日本の大都市の多くは水が豊かな環境に発展してきました。大阪は橋の多さから「浪速の八百八橋」と呼ばれたように、古くから淀川河口の低湿地を埋め立て発展した都市、江戸も家康の時代に利根川の流れを変え、神田の山を削って江戸湾を埋め立てる大開発が行なわれた隅田川河口を中心に成立しています。

当然、町のなかには縦横に掘られた運河や水路、城の濠、雨水の遊水池、庭園の池といった水辺も多く、今では考えられないような種類の生きものまですみつくことができました。

現在では埋め立てられてしまったり、コンクリートで固められてしまった場所も少なくありませんが、人工的に見える水辺にも意外な生きものがすみついています。

ビルの谷間でカエル合戦

日本人に最も親しまれてきた水辺の生きものと言えばカエルに違いありません。丸く飛び出した大きな目とふくらんだ腹というユーモラスな姿からか、鳥獣戯画をはじめとする絵画のモチーフになったり、和歌や俳句、詩などに詠まれたり、「蛙の子は蛙」「蛙の面に水」といったことわざにまで使われているのはご存じの通り。

子供たちにとっても、ごく身近にいて人間を傷つけるようなキバやツメをもたないので、遊び相手として絶好の存在でした。なかにはお尻から麦わらを突っ込んで息を吹き込みふくらませるというような、ちょっと残酷な遊びをした人もいることでしょう。マンガやアニメの世界でもいまだに人気の衰えないキャラクターです。

しかし現在では、都市やその周辺のカエルはすっかりいなくなってしまいました。春一番に現れて焼いて食べるとおねしょの薬になるといわれたニホンアカガエルや、その名前が代表的なカエルであることを表すトノサマガエルといったかつての普通種も、自治体によっては絶滅危惧種の扱いすら受けているほど。これらのカエルは水田や池をすみかとしていたので、こうした環境がほとんどなくなってしまった都市では、生き延びることが難しいようです。とくに大阪では、中心部の大阪城公園などでは海外からの移入種であるウシガエル（食用ガエル）しか確認されていません。

そんななかで「ガマガエル」とも呼ばれるヒキガエルは、町のなかでも比較的目にする機会の多い種類。日本本土の在来のカエルとしては最大種で、東京ではビルに囲まれた日比谷公園や新宿中央公園などでも出会うことが珍しくありません。ただし他のカエルのようにピョンピョンと跳びはねることは無く、でっぷりと太ってイボにおおわれノソノソと歩く姿には、可愛さよりも不気味さを感じる人も多いでしょう。歌舞伎などでは妖術を使う悪役として描かれ、最近の忍者マンガでもそうした伝統が継承されています。

ヒキガエルが町なかでも暮らしていける理由はその習性にあります。多くのカエルが水辺から離れることができないのに比べ、ヒキガエルは産卵の時以外はほとんど水に入らない陸棲のカエル。腹の皮膚からも水分を吸収することができるため、ある程度湿度が保たれた土の地面があれば、庭の片隅でも暮らせるほど乾燥に強い種類です。また、目の後ろにある耳腺からは強い毒を出し、ネコなどの天敵から身を守ることができます。もしも観察する時に触った場合は手を洗った方が良いでしょう。

3月ごろに気温が上がってくると、それまで土の中で冬眠していたヒキガエルのオスとメスが、産卵のために庭や公園の池に集まってきます。どの池に集まるかはカエルごとに決まっていて、毎年必ず同じ池に来るようです。オスたちはメスをめぐり何匹もが入り乱れて蹴っ

ヒキガエル

たりつかみ合ったりの大乱闘を演じるので「カエル合戦」と呼ばれるほど。時には同じオスに抱きついてしまう慌て者もいますが、相手が「グッグッグ」という声をあげると離れていきます。この声は「リリースコール」と呼ばれ、人間が他のオスが抱きつくようにオスを背中からつかんでも、やはり同じ声をあげるさまは愉快です。

首尾よくカップルが成立すると、メスは数mにもなるゼリー状の長いヒモのような卵塊を産み、この中には直径2㎜ほどの黒い卵の粒が2000〜10000個も入っています。カエル合戦は数日で終わり、オスもメスも再び散り散りになって元いた場所にもどるので、池にはたくさんの卵塊しか残りません。卵からかえったオタマジャクシは、5〜6月までに足が生えしっぽの消えた子ガエルになって陸に上がり、成長して2年ほど経つと産卵のために同じ池に帰ってくると言われています。

しかし近年では、個人宅の庭の池などは埋められてしまうことが多く、町のなかの産卵地は減少の一途。さらにアスファルトの道路によってヒキガエルの生息地と産卵地が分断されてしまうことが多く、移動中に車にひかれてぺしゃんこになった哀れな姿を見ることも少なくありません。海外では、カエルが産卵期に横断するような道路には、運転者に注意を促す標識のある国もあります。長年カエルと親しんできた日本人としても、都市に生き残った数少ない野生生物である彼らを、もっと大事にしたいものです。

都会にいるトンボ・いないトンボ

トンボは子供だけでなく、古くから日本人に人気のある水辺の昆虫です。日本の古称である「秋津州《あきつしま》」がトンボの島という意味であるのに始まり、美術や文学にもたびたび登場し、鉛筆や学生服のメーカー名にまでなっているのはご存じの通り。

トンボ捕りは、大人が真剣にやってもスポーツ的な面白さがあります。トンボは昆虫の中で最も飛行能力に優れているうえ、その大きな目からも分かるように視力の良さは抜群。ギンヤンマなどのスピードの速い種類に前から網を振っても、素早くかわされてしまいます。

しかし彼らの飛行コースには一定のパターンがあるので、まずはじっくり観察してそれを見切り、目の前を通過したところを後から振り抜くと打率アップにつながるでしょう。

子供のころにさんざん遊び相手にした経験から、日本人がこの虫に親しみをもつ感覚は当たり前のように思いますが、欧米ではまるで反対に「魔女の縫い針」「悪魔の乗る馬」といった禍々しい別名をつけられるほど、忌まわしい虫扱いをされています。

この理由には日本のトンボの種類が非常に豊かなことがあげられるかもしれません。同じ島国であるイギリスにはわずか40種が生息しているに過ぎないのに、日本では218種とほぼ5倍、ヨーロッパ全土の116種と比べても倍近くのトンボが確認されているほど。

これは2000年以上続いてきた稲作文化が、多くのトンボに絶好のすみかを提供していたことに加え、温暖で雨が多く地形が複雑な日本には、川や湖から、渓流、湿地に至るまでさまざまな水環境があり、種類ごとに好みの場所にすみ分けできたためでしょう。

現在のように水辺が次々と失われ水質の汚染も進んでしまった都市でも、まだまだしぶとく生き残っているトンボが少なくありません。たとえば、夏から秋に公園の池や墓地などでも飛んでいるのをよく見かけるのが、薄いオレンジ色の体と大きな目のウスバキトンボ。彼らは毎年、夏が近づくと南方から日本に飛来し、池から貯水槽に至るまであらゆる水環境に卵を産んで、わずか一ヶ月ほどで親になると、再び北へと旅を続け産卵をくり返します。しかし日本で冬を越すことはできず、すべて凍死してしまいます。

体に青白い粉を吹いたようなシオカラトンボも都市の常連。4月ごろから現れてさまざまな水場に卵を産むことができるので、夏の前にプール掃除をするとウスバキトンボとともに幼虫がたくさん見つかることも珍しくありません。学校の屋上に置かれた衣装ケースなどで作った池に産卵に来ることもあるほどです。ちなみにメスはうすい黄土色をしているのでムギワラトンボとも呼ばれます。

この他、シオカラトンボより大きく青っぽいオオシオカラトンボ、アカトンボの仲間のコノシメトンボやアキアカネ、ずっと小型のアジアイトトンボなどが、都会の公園などでも普通に見られる種類と言えるでしょう。

近くに堀や大きな池などがあれば、もう少しさまざまなトンボが見られるかもしれません。頭と胸の黄緑色が鮮やかなギンヤンマやよく似たクロスジギンヤンマ、黒と黄色のダンダラ模様で腹の先が平たくうちわのように広がったウチワヤンマ、黒い体が中ほどで途切れたような白い模様のあるコシアキトンボなどがあげられます。さらに青紫の翅をもつチョウトンボや真紅のショウジョウトンボがいるようなら、町なかとしてはかなり環境の良い水辺が近くにあるはず。これらの種類は、水草の茎に卵を産みつけたり、泥がたまった水底を好むなどの習性から、コンクリートで固められたような池ではすむことができないからです。

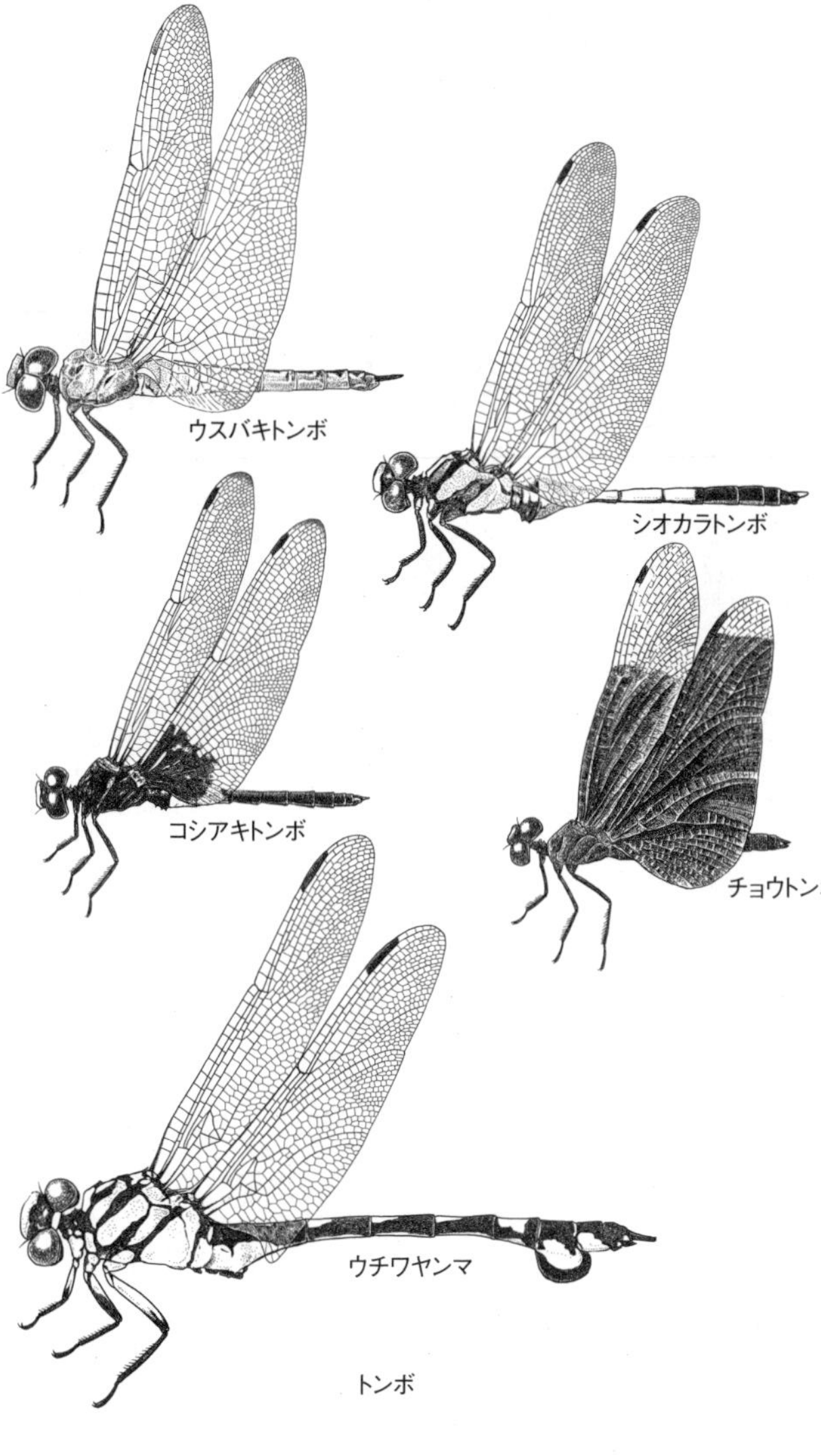
ウスバキトンボ
シオカラトンボ
コシアキトンボ
チョウトンボ
ウチワヤンマ

トンボ

一方、日本最大のトンボであるオニヤンマを都会で見るのはかなりの難問です。このトンボは水がきれいで川底に砂や泥がたまっている細い流れを好み、卵から親になるまで数年かかるので、水量も安定しているという条件が欠かせません。

このようにトンボは種類によって都市化された劣悪な環境に耐えられるものから、自然が豊かな水辺が必要なものまでさまざまです。彼らはきれいな水辺のシンボルのように思われており、身近に呼び戻そうと自治体が公園などに「トンボ池」を作ることが盛んですが、都市化に強い種類しかすみつけないようでは、わざわざ税金を投入する意味はないでしょう。それを成果のように吹聴するに至っては噴飯《ふんぱん》ものです。

そもそも「トンボ」という名前の昆虫はおらず、グループの総称に過ぎません。それを十把一絡げにして、都会で見つかったから自然が戻ってきたと考えるのは、とんだ早合点です。

モロコとクチボソとモツゴ

釣りも身近な生きものを相手にした水辺の遊びの定番と言えるでしょう。公園の池でもつい釣り糸をたれてしまうのには、本能的なものがあるのかもしれません。先に述べたように江戸も大阪も水路が張りめぐらされた都市だったので、釣り場には事欠きませんでした。

とくに江戸の下町では、小川にすんでいて網で容易にすくえるような小魚のタナゴ類を、わざわざ小さな竿と釣り針を使って一匹ずつ釣り上げる「タナゴ釣り」が盛んになりました。漆塗りの蒔絵で仕上げた工芸品のような繊細な道具を使うなど、一つの文化として発達し、文人や大名も夢中になった粋な遊びと伝えられています。

江戸本所七不思議の一つ「置いてけぼり」の怪談も、こうした背景があって生まれたに違いありません。夜釣りをしているとどこからか「置いてけ、置いてけ」という声が聞こえ、急いで帰ろうとすると魚籠のなかの釣った魚が消えているという有名な話です。ちなみにこの犯人と考えられているのは、今では絶滅宣言が出されてしまったニホンカワウソ。当時の江戸の水辺は彼らがすめるほど自然が豊かだったのでしょう。

一方の大阪は、淡水魚の種類数では全国一を誇る淀川を擁し、今でも残る「ワンド」と呼ばれる河川敷の入り江や水たまりには、日本の淡水魚で最も絶滅が心配されるタナゴ・イタセンパラまですんでいます。ところが一般庶民の釣り文化について残された資料がほとんど見当らないことから、遊びとしてはあまり発達しなかったようです。「宵越しの銭は持たない」江戸と違い、実利を重んじる商業都市なので「そないな暇があるんやったら稼ぎなはれ」という意識が一般的だったのかもしれません。

しかし自然の豊かな水辺が失われてしまった現代では、都市でタナゴ釣りができるような環境はほとんど無くなってしまいました。とくに東京都内では生息していた日本在来の5種類のタナゴもすべて絶滅し、今も見られるのは中国から持ち込まれたタイリクバラタナゴだけ。釣りのスタイルも密放流されて増殖したブラックバスを対象にルアーフイッシングが主流となり、もともと日本にいた在来の魚をさらに減少へと追い込んでいます。

すっかり貧弱になってしまった都市の淡水魚ですが、子供たちにとっては貴重な遊び相手であることに変りありません。なかでも水の汚れにも強く簡単な道具でも容易に釣ることのできるモツゴは、最も親しまれている種類の一つです。東京では「クチボソ」大阪では「モロコ（雑魚の総称）」のように地方名が多いこともその証拠と言えるでしょう。

持ち帰って飼育するのもやさしく、はじめからそれが目的なら釣り具店で売っている「セルビン」と呼ばれるワナを使った方が魚を傷つけません。ペットボトルを利用して作ることもできます。魚を入れたバケツの水温が上がらないように気をつけて、電池式のエアーポンプで泡を送ってやれば、途中で死ぬことも少なくなります。

モツゴを飼うには、60㎝水槽に底面濾過器かスポンジフィルターをセットしてエアポンプをつなぎ、よく洗った砂利を敷き中和剤を加えた水道水を入れます。水質を安定させるために、魚を獲って来る前の日には準備してフィルターを動かしておくのがコツ。ただし、モツゴのオスは繁殖期になるとなわばりをつくり、ほかの魚を追い回して時には殺してしまうので、よく観察してそんな行動をとるようなら一匹ずつ飼いましょう。エサはペットショップ

モツゴ

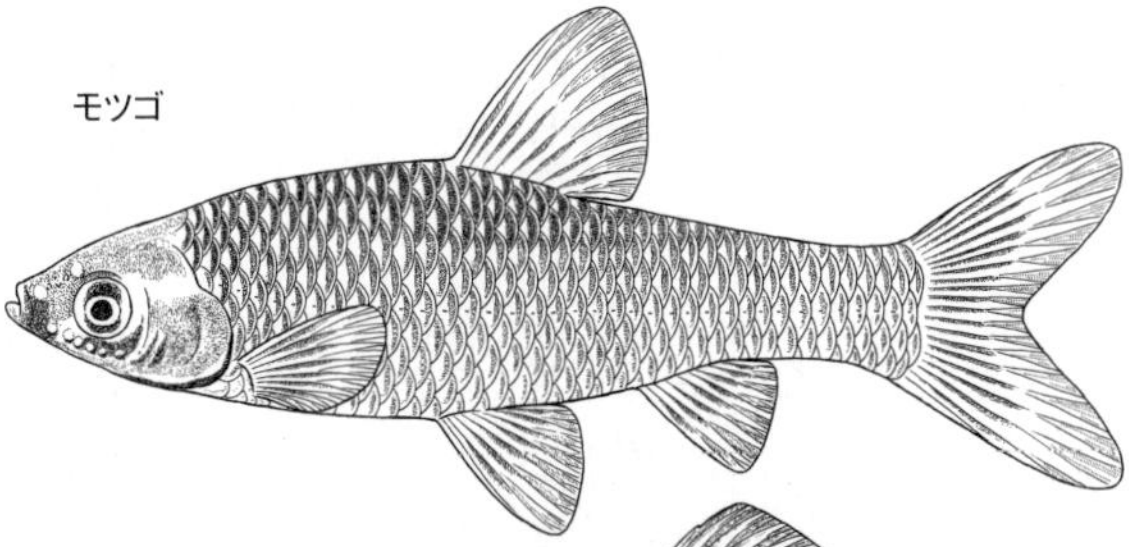

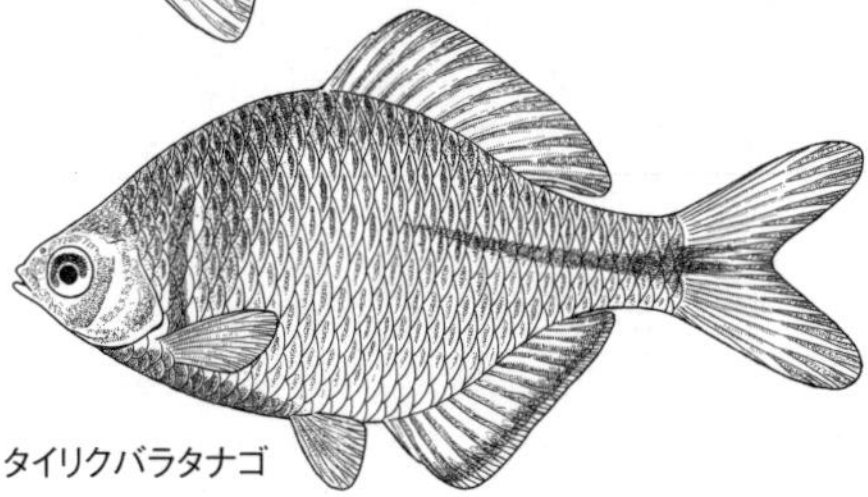

タイリクバラタナゴ

で売っている配合飼料をやり過ぎないのがコツで、世話は2週間に1〜2度、魚が泳げるギリギリの深さまで水を抜き、中和剤を入れた水道水を加える程度で十分です。

かつてモツゴは西日本の魚で、交通機関が発達した明治時代になってから、養殖のために運ばれてきたフナやコイの小魚とともに、東日本に入ったと考えられています。それまで東日本には、モツゴに近縁のシナイモツゴがすんでいましたが、移入されたモツゴと交雑したために数を減らし、現在では東北の一部に細々と生き残るだけになってしまいました。名古屋市周辺の濃尾平野にすんでいたウシモツゴについても同様で、どちらも絶滅危惧種のなかで最も数が少ないレベルにランクされるほど。

これは生き物をやたらに野外に放してはいけないという、苦い教訓でもあります。

野良ガメに占領された池

野外に放された生きものによってすっかり変わってしまったのが、町なかの池にすむカメの世界です。皇居や大阪城のお濠から公園の小さな池まで、かなり汚れた水辺でもよく見かける、岸辺や杭の上で折り重なるようになって甲羅干しをしているカメの姿は微笑ましいものですが、実はこのなかにもともと日本にいた在来種はほとんどいません。

最も多いのは北アメリカ南部からメキシコが原産で、名前の通り目の後ろの赤い部分が目立つミシシッピアカミミガメ。縁日などのカメすくいでおなじみのミドリガメが成長した姿です。小さいころは緑と黄色の縞模様が美しいので、アメリカでは古くからペットとしての人気が高く、養殖された大量の子ガメが世界じゅうに輸出されてきました。１９６０年代には「アマゾンのミドリガメ」のキャッチフレーズで、チョコレート菓子の景品に使われたことを記憶している人も多いかも知れません。

ところがこのカメは、成長するに従って鮮やかだった緑色が消え、2年も経つと池で見かけるような黒っぽい姿に変わってしまいます。おまけに甲羅の長さは30㎝近くになるうえ寿命は20年以上。さらにサルモネラ菌を持っているという報道もあって、持て余した飼い主のなかには、近くの川や池に放してしまった人も少なくなかったようです。

なにぶんにも年間100万匹以上が輸入されていたので、すでに1970年代前半から東京上野の不忍池《しのばずのいけ》で、野良ネコならぬ野良ガメが目立ちはじめたという記録があり、80年代に入ると全国の水辺で見つかるようになったのも無理はないでしょう。

水面近くで泳いでいるアカミミガメを観察していると、時おり他のカメの前で長いツメを振るわせて、まるで脅かしているように見えるものがいます。実はこれはオスの求愛行動なのですが、違う種類のカメの前でもお構いなしに行なうので、よけいにアカミミガメが傍若無人にふるまっているように感じるのかもしれません。

2番目に多く見られるクサガメは、成長してもアカミミガメよりやや小さく黒っぽい体で、若い個体では目の後ろから首にかけて黄色い模様が目立つ種類。子供はその丸い甲羅の形から「ゼニガメ」とも呼ばれ、丈夫で飼いやすく長生きなうえ扱いにも慣れるので、アカミミガメが大量に輸入される前は、ペットとしてたいへん人気がありました。

クサガメもアカミミガメ同様に人間によって数を増やした種類と言えるでしょう。仏教には飼われていた生きものを自由にしてやることで功徳が積めるという「放生思想《ほうしょう》」があり、江戸時代にはあちこちの寺に「放生池」が造られて、参拝者が魚やカメを放すという習わしが盛んでした。日本人が気軽に生きものを野外に放してしまうのは、こうした意識が心理の

奥に潜んでいるせいかも知れません。隣の韓国では、今でも盛んに行われる放生の行事にアカミミガメが使われ、野生化する数が増えて困っているそうです。

日本ではアカミミガメにすっかり圧迫されているかに見えるクサガメですが、池の改修の際などに捕まえて調べてみると両種の数にはあまり違いが無く、クサガメの方が多い場合すらあるとのこと。クサガメはアカミミガメよりは神経質なので、水辺にいる数だけを見る限りでは少なく見えても不思議ではありません。前の章でも述べた地球温暖化と昆虫との関係のように、生きものの実態を調べるにはさまざまな角度からの観察が必要で、うわべを見ただけで簡単に結論を出すべきでないことが、このことからも分かります。

クサガメは長いあいだ日本在来のカメと思われていました。ところが昔の文献や化石の記録、大陸産のもののDNAなどを調べた結果、実は古くに大陸から持ち込まれた移入種ではないかという説が2010年に発表され、マスコミでも話題になったのは記憶に新しいところ。これまで述べてきた日本の都市の水辺に見られるカメたちの関係も、単に人間に放された移入種の野良ガメ同士による縄張り争いに過ぎないのかもしれません。

ところで、肝腎の日本在来のカメたちはどうしたのでしょうか。移入種に占領されたかに見える町なかの池などでも、スッポンや日本にしかいない固有種のイシガメが細々と暮らしていることがあります。彼らは移入種よりずっと神経質なうえ、水の汚れや生息環境の変化にも敏感。エサとなる多くの生きものや産卵のための護岸工事がされていない岸辺など、意外なほど豊かな自然が必要です。そのため野生の在来種は全国的に激減しています。

一見すると移入種によって圧迫されているかに見える在来種ですが、実際には都市の水辺の環境が悪化しているため減ってしまい、それに耐えられる移入種ばかりが目立つだけなのかもしれません。また、移入種にしても在来種にしても、必ずしもそこで繁殖しているとは限らず、次々と捨てられることで数を維持し、与えられるエサなどを頼りに暮らしている場合が少なくないとも考えられます。

いずれにしても、野良ガメがいるからと言って、都市の水辺に自然が回復してきたわけではないのは確かでしょう。生きものを安易に放すという無責任な行為が、実態を分かりにくくしているようです。

カワセミは清流のシンボルか

町なかにある公園を歩いていて、時ならぬ人だかりに出会うことはないでしょうか。たいていの人が頭からつま先までアウトドアファッションでまとめて、大砲のような望遠レンズのついた一眼レフカメラを三脚に載せ、同じ方向に向けています。もしもレンズの先に池があれば、そこにいるのはカワセミに違いありません。

カワセミ

カワセミはスズメくらいの鳥で、メタリックブルーに輝く背中とオレンジ色の腹を持つ鮮やかさから、漢字では「翡翠」と書くほど。岸辺の枝などから水中にダイビングして、長いくちばしで魚を捕らえるという、小型の鳥としては変わった習性をもっています。そうした魅力からか、バードウォッチャーのなかには、カワセミを見たのをきっかけに鳥にのめ《・》り込むようになったという人も少なくないようです。観察や撮影に夢中になるあまり、ほかの公園利用者を邪魔もの扱いして、トラブルになったという話さえあります。

それほど人気が高い鳥ですが、町なかで姿を見ることは難しくありません。東京では都心の日比谷公園をはじめ、池のある公園や護岸工事があまり進んでいない川ならたいていの場所で、大阪では淀川沿いはもちろん、大阪城の濠などでも出会うことができるでしょう。それほど神経質な鳥ではないので、バードウォッチャーが持つような高性能の望遠鏡でなくても、8倍くらいの双眼鏡で十分に観察できます。

しかしカワセミが都会でも見られるようになったのは、東京では1980年代からのこと。それまでの30年近くは都内から姿を消していました。関心をもつ人が多い鳥だけに、その衰退と復活は詳しく調べられています。それによると、1945年前後まで都心でも暮らしていたのが、戦後の復興が進むにつれて1955年ころまでに23区内では絶滅。その後の高度経済成長とともに生息地は西の郊外へと追いやられて、公害問題が深刻となった1970年ともなると、山地が迫る多摩川上流まで行かないとお目にかかれない鳥になっていました。

これは水質が汚染されてエサの魚が少なくなったことや、宅地化や護岸工事でカワセミが巣穴を掘れるようなガケや土手が消えたためと考えられています。こうした時代を背景に、カワセミは取り戻したい清流のシンボルとして扱われ、イメージアップが進んだようです。

この鳥の人気が高いのも、こうしたイメージと無縁とは言えないでしょう。
ところが1980年代になると、彼らは突然Uターンをするかのように都内へ向けて進出をはじめ、10年もしないうちに都心までの復帰を果たしました。これは水辺の自然が回復したためと考えたいところですが、水質こそ多少は改善されたものの清流というにはほど遠く、コンクリートで護岸された岸辺もそのままなのはご存じの通り。

どうやらこの鳥は思ったより順応性が高く、かつては耐えられなかったほどのすみにくい都市の環境にも慣れてしまったようです。エサとなる小魚もタナゴ類こそ絶滅してしまったものの、汚染に強いギンブナやモツゴはしぶとく生き残っています。コンクリートに開いた水抜きパイプを巣穴に使うカワセミまで現れました。

食べ物の増減によってすぐに数が変化する昆虫などと違って、高等な動物である鳥のなかには、都市の環境にも慣れてしまったとしか考えられない種類も少なくありません。たとえば庭や公園でもよく見かけるヒヨドリはかつて冬にだけ平地にやって来る山の鳥でしたが、1960年代から都市にすみつくようになり、今では本来のエサである木の実以外に、ゴミ捨て場でエサをあさるものも現れました。近年ではカラスやドバトをエサにして公園で繁殖するオオタカまで見つかっていますが、この鳥もつい最近まで自然が豊かな里山のシンボルとして扱われていたはず。

取り戻したい自然のシンボルだった鳥なのに、肝腎の自然そのものではなくシンボルだけが帰って来るというのは、なにやら皮肉な結末ですが、生きものをイメージだけでとらえていると、自然の本当の姿は分からないということを教えてくれるようです。

水の都のお化けネズミ

「水都」とも呼ばれる大阪には、川や運河が多く淡水魚の種類も豊かで、水環境に恵まれた都市であることは先に述べた通りで、水辺には東京では見られない生き物もすんでいます。尾まで入れると80㎝以上、体重7㎏を超える巨大なネズミの仲間・ヌートリアもその一つ。もともとは南アメリカのラプラタ川流域が原産の移入種で、戦前に軍隊用の毛皮をとるために日本に持ち込まれ、飼育場から逃げ出したり戦後に毛皮が売れなくなって放されたものが野生化しました。

ヌートリアは水辺から離れずに生活し、水かきのある後ろ足を使って巧みに泳ぎ、大きなオレンジ色の前歯でヨシなどの岸辺の草を主に食べています。本来は夜行性ですが、昼間もよく活動しているので、そのインパクトのある姿を見られるチャンスは少なくありません。かつては「お化けネズミ」の名で縁日の見せ物にもされていたほどで、都会の水辺にすむ生きものとしては最大級と言えるでしょう。

日本では戦後すぐから、近畿、中国、四国などを中心に、流れのゆるやかな川やため池にすみついていました。大阪市内では2000年に淀川のワンド（河川敷の入り江や池）で見つかったのを皮切りに、その支流の神崎川や大川、大阪城の濠などでも目撃されています。さらに淀川沿いに京都府や滋賀県にも分布が広がっており、京都市内の鴨川でもたびたび姿が見られるようになりました。

ヌートリアは水田地帯では植えられた稲を食べてしまったり、絶滅が心配されるような水草を減少させたりと、全国で年間1億円を上回る被害が生じています。さらに土手などに深いトンネルを掘って巣にしているので、川や池の堤防に穴を開けて洪水を起こす危険性も見逃せません。同じように移入種となっていたイギリスでは、実際に堤防が決壊した例も知られているほど。

そのため環境保全上対策が必要な「特定外来生物」に指定されて、各地でワナによる駆除が進められていますが、ネズミの仲間なのでたくさんの子供を産んでよく増えるため、なかなか数が減らないようです。

これに対して東京の水辺には、ヌートリアとは習性が共通しているものの、半分くらいの大きさで、北アメリカ原産のネズミ・マスクラットが野生化しています、戦前に毛皮を目的に持ち込まれたものが起源という点もヌートリアと共通。東部の江戸川周辺を中心に千葉や

埼玉の一部にもすみついていますが、生息地が限られ急速に増えているようすが無いので、あまり話題にはなっていないようです。

水辺は都市のなかでも、コンクリート護岸で固められたり、水質汚染が進んだりと、まっ先に環境破壊が進んで在来の生きものが姿を消した環境です。ニホンカワウソなどがいなくなって、いわば空き家になっていた場所なので、ヌートリアやマスクラットのような移入種も易々とすみつくことができたのかもしれません。

夏

梅雨は五つ目の季節

所変わればカタツムリも変わる

日本の季節の変化は、四季ではなく五季といわれることがあります。盛夏の前に際立って雨量が多い日が続く梅雨があるためです。この時期があることによって、日本の自然は水が豊かな環境に恵まれ、多くの生きものが育まれてきました。

人間にとっては鬱陶しい季節ですが、生きものの活動は最も活発になり、一年のうちのこの時期にだけ現れ、夏を迎えるころには姿を見せなくなってしまうものも少なくありません。家のなかにこもって見逃してしまうのはもったいない気がします。

梅雨の時期によく出会う代表的な生きものの一つが陸貝。こう呼ぶとあまりなじみがありませんが、カタツムリやナメクジなどのグループを指します。水中生活をしていた貝が陸上に進出するために、えら呼吸から空気呼吸を行なうように進化したもので、日本から知られているのは８００種近く。もちろんそれぞれに名前があり、単に「カタツムリ」という名の種類は存在しません。

Spring Summer Fall Winter

こんなに種類が多い理由は、彼らに共通の歩みの遅さゆえに、どうしても活動範囲が狭められるうえ、山や川があると越えることができないため。必然的に狭い地域ごとに閉じ込められる形になってしまい、互いに交流しないままその場所の環境に合わせて進化しているうちに、それぞれが別種になったと考えられています。

ちなみに小笠原諸島では狭い面積にも関わらず、カタツムリがわずかな種類の祖先から進化して約100種類にまで分かれ、日本全体の1／8をも占めるほど。ユネスコが世界遺産に指定した理由の一つも、こうしたカタツムリの多様さにあったことは、あまり知られていないかもしれません。

町のなかで見られるカタツムリも、日本の東と西ではまったく違います。東京の代表的な大型の種類は、関東から東北地方にかけてすむヒダリマキマイマイ。名前の通り殻の巻く方向が、多くのカタツムリに見られる右巻きとは逆で、左巻きのものは日本にわずかしかいないため、まず間違えることはないでしょう。直径5㎝ほどに成長し、殻に沿って一本の細い帯があるものが多いほか、帯のないものもいます。

これに対して西の代表は、近畿地方の平地を中心に見られるナミマイマイ。巻き方は多くのカタツムリと同様に右向きで、直径4㎝ほどに成長します。殻の色はうすい黄土色で2本の帯の模様があるものの、はっきりしないものが少なくありません。柔らかい体の部分には、

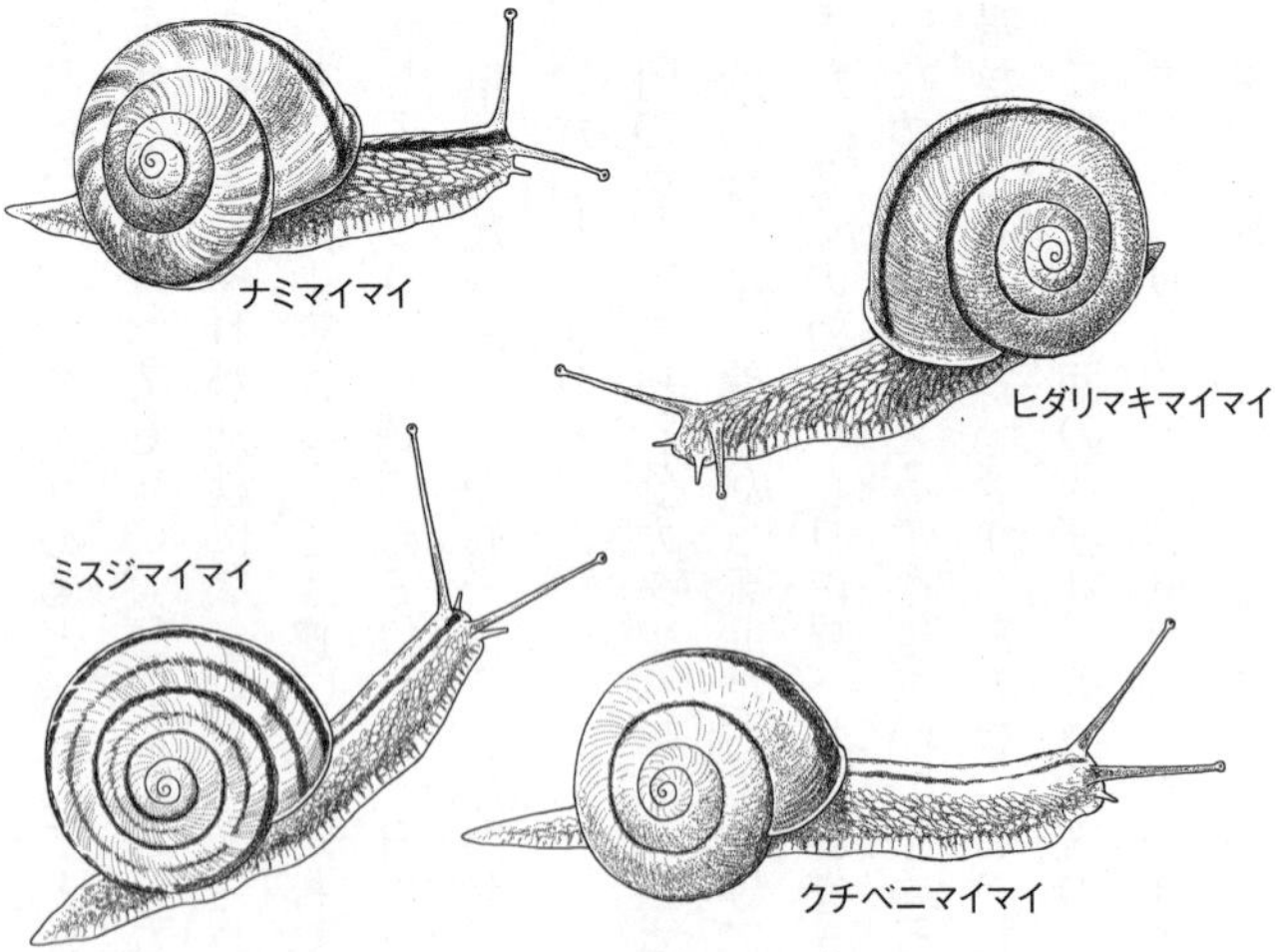

背中に沿って黒い帯が目立ちます。

　どちらも緑が豊かな住宅地や公園、神社などで姿が見られ、コンクリートの塀を這って生えているコケなどをかじっていたりすることもあります。ただし市街化が進んで緑が減った場所では、いなくなってしまうことが多いようです。

　探す環境を変えると違う種類も見つかります。たとえば木の上で見つかることが多い種類なら、東京周辺ではミスジマイマイ。殻に沿って3本の帯があるのが名前の由来で、これも関東地方の代表種と言えるでしょう。巻き方が反対のヒダリマキマイマイより平たく、直径は成長しても3・5㎝ほど。

　同じ樹上性の種類で近畿地方に多いのがクチベニマイマイです。何よりの特徴は殻の口が大きくめくれあがってピンク色を帯びていること。はっきりした細い帯のあるうす黄色の殻とのコントラストも美しく、関東のカタツムリを見慣れた目には、京女のような艶やかさを感じます。ただし樹上性の種類は、すみやすい環境が減っているためか、どこの都市でも次第に少なくなる傾向にあるようです。

公園や神社に積もった落ち葉の下や大木の幹などには、もっと変わった姿の陸貝もすんでいます。歌舞伎などに出てくる石川五右衛門が持っていそうな太いキセルの形に似ているので名前がついたキセルガイ。近畿地方に多いオオギセルは長さ4㎝と大型です。

こうした地域ごとに固有なカタツムリに対し、北海道以外ならどこでも見られるのがウスカワマイマイ。殻の直径も高さも2㎝程度と丸みを帯びた姿で、名前の通り殻が薄く目立つ模様はありません。乾燥に強いので草地や畑のほか、市街化が進んだ住宅地でも見られ、農作物などをかじって嫌われることもあります。

このように町なかにすむカタツムリは、環境によって見られる種類が違ってくるので、自然の豊かさを計ることもできるでしょう。なお、カタツムリには人間と共通する寄生虫をもっているものがいるので、素手で触ったあとは手を洗っておきましょう。

嫌われものは輸入品

カタツムリには可愛さを感じる人も少なくないと思いますが、同じ陸貝の仲間でもナメクジとなると、嫌いという意見が圧倒的かもしれません。見た目ばかりでなく、風呂場や台所にいつの間にか侵入して粘液が光る這った跡を残していったり、発芽したばかりの花の芽をなめるように食べてしまったりと、評判は散々です。

しかしナメクジも、都市の自然の変化を表している生きものと言えるでしょう。たとえば東京都内で見られるのは、ヨーロッパ原産で戦後にアメリカ軍の物資と共に入ってきたと考えられる移入種のチャコウラナメクジ。その名の通り頭には皮膚に被われた甲羅をもっていて、中にはカタツムリほど立派ではないものの、やはり貝殻が入っています。もともと日本にいた在来のナメクジにこうした甲羅はなく、これは世界のナメクジのなかでも珍しい特徴と言われるほどです。

それでは、戦後を境に移入種と在来種が入れ替わったのかというとそれは早合点。実はすでに戦前の東京には、ヨーロッパから明治の開国のころに牧草などにまぎれてやって来たらしいコウラナメクジがすみついていました。戦後の勢力争いはすでに新興勢力同士の間で行なわれたもので、現在では在来種のナメクジは、かなり郊外の緑が豊かな環境でないとお目にかかれません。

身の危険を感じるとコロンと丸まってしまう姿で、子供には絶大な人気をもつオカダンゴムシも、最近では「不快生物」とやらの仲間入りをしてしまったようです。植木鉢の下に群れをなしているようすは、たしかに気持ちの良いものではないかもしれませんが、駆除専用の薬剤もあるというのは、いささか行き過ぎではないでしょうか。

と言うのも、ダンゴムシのような生き物は生態系のサイクルにとって重要な存在だからです。彼らは「土壌動物」と呼ばれ、落ち葉や枝などの枯れた植物を食べています。こうした活動によって、毎年降り積もる落ち葉は次々と分解されて土に返るので、地面が埋もれてしまうこともありません。さらには植物の養分となって成長を支え、その葉を食べる昆虫は鳥などのエサになる…という食物連鎖が成り立っているわけです。

土壌動物には、ミミズ・ヤスデ・ワラジムシなどのほか、人間の住居にすみついたゴキブリや、建材をかじってしまうシロアリなども含まれており、嫌われがちな生きものが多いようですが、自然界の掃除屋としての働きはもっと認められるべきでしょう。

口の広いビンに湿った砂を厚く敷き、落ち葉とダンゴムシを10匹ほど入れておくと、彼らがどれほど優れた処理能力をもっているか、自分の目で確かめることができます。ガラス面は登れないのでふたをする必要はありませんが、ときどき霧吹きで湿気を与えるのをお忘れ

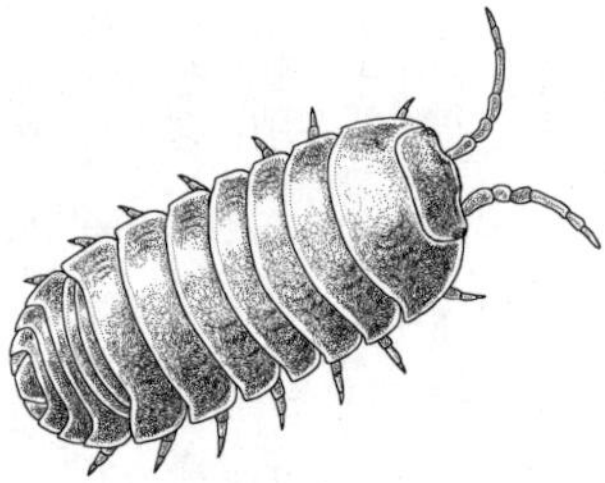

オカダンゴムシ

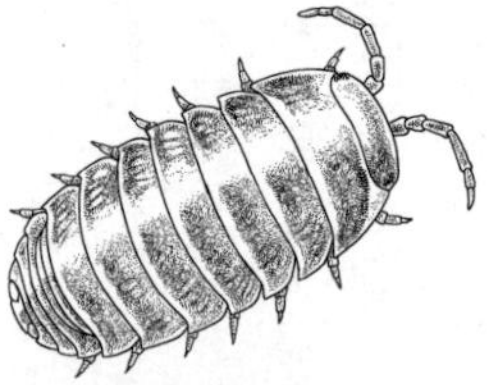

コシビロダンゴムシ

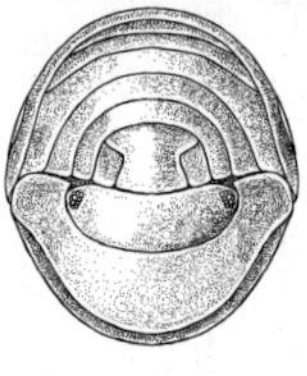

なく。

　このオカダンゴムシも、明治の初めごろに渡来したユーラシア原産の移入種と言ったら意外かもしれません。彼らは物資の流通とともに分布を広げたようで、現在では世界じゅうどこでも見られる「汎世界種」となっています。

　それでは江戸時代まで、オカダンゴムシに替わって落ち葉を片づけていたのは誰でしょうか。実はもともと日本には、在来種であるコシビロダンゴムシの仲間がすんでいました。この種類は緑が豊かで落ち葉がよく積もった地面にすんでいたため移入種よりも乾燥に弱く、市街地化が進んだ都会では暮らしにくくなってしまったようです。東京23区内で今でも生息が確認されているのは、皇居や自然教育園、小石川植物園など、うっそうとした緑が残っているような場所に限られています。

　オカダンゴムシとコシビロダンゴムシは、ルーペがあれば見分けるのは難しくありません。お尻の最後の節が、角の丸い三角形ならばオカダンゴムシ、段差のある台形をしていればコシビロダンゴムシです。もし家の近所で後者を見つけたら、かなり自然環境が良い町にお住まいということを証明してくれます。

町のなかでもキノコ狩り

　キノコというと秋のイメージが強いかと思いますが、秋にシーズンを迎え地面から生えるマツタケやシメジのようなキノコは、町のなかの公園などではほとんど見つかりません。こうした種類のキノコは、根のような菌糸が植物の根と共生して栄養を取り込んでいる「菌根《きんこん》菌《きん》」と呼ばれるグループで、大気汚染や乾燥化などで土の中の状態が良くない都会は、生育に適していないようです。

　これに対して、弱ったり枯れた木のなかに菌糸を伸ばして栄養を取り込むシイタケのような「腐生菌《ふせいきん》」のグループは、梅雨どきに町なかでもよく出会えるキノコ。彼らの自然界での役割はダンゴムシと同様に、枯れた植物を分解し土に返すことにあります。公園の木や街路樹の枯れ枝や切り株、幹などを目印にして探してみましょう。

キノコの魅力にはどうしても食べる楽しみがついてきます。ここでも食べられるキノコについて紹介しますが、毒のあるものと間違えにくい種類を選んではいるものの、実際に口にするのは、図鑑の写真を見たり知っている人に教わるなどして、同定（種類を判断すること）に自信のあるものだけにして下さい。「派手ではないものは食べられる」「柄が縦に裂けるものは食べられる」「虫が食っているものは食べられる」「ナスと一緒に煮れば食べられる」などの言い伝えは、すべて迷信ですから要注意です。

スズカケノキやトウカエデ、ポプラなどの大木になった街路樹の根際から、束になって生えてくるのはヤナギマツタケ。直径5～15㎝にもなるうす茶色の平らで大きな傘に、ツバのある長い柄が特徴です。名前とは違って本物のマツタケとは縁遠く、香りも姿もまったく違っていますが、美味しいので最近では栽培もされるほど。

サクラやコナラの根際や切り株には、中央がへこんだ直径2～5㎝の傘をもつナラタケモドキが束になって生えてきますが、こちらは消化が良くないため、たくさん食べるとお腹をこわします。

中華料理でお馴染みのキクラゲも、町のなかでよく見つかるキノコの一つ。ネズミモチやヤナギといった広葉樹の枯れ枝や切り株に、ゼラチン状のひだが張りついたように生えます。

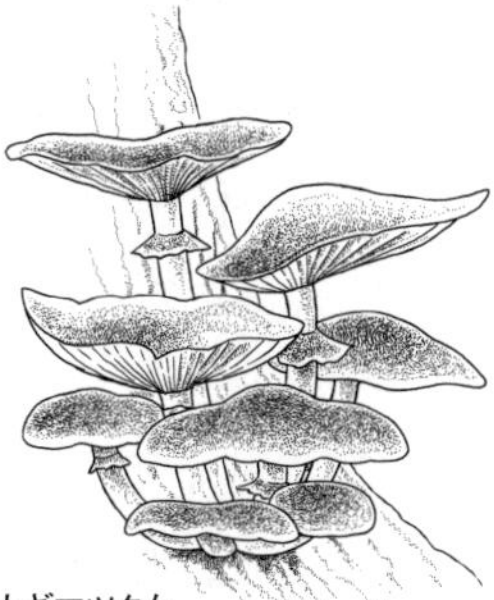

ヤナギマツタケ

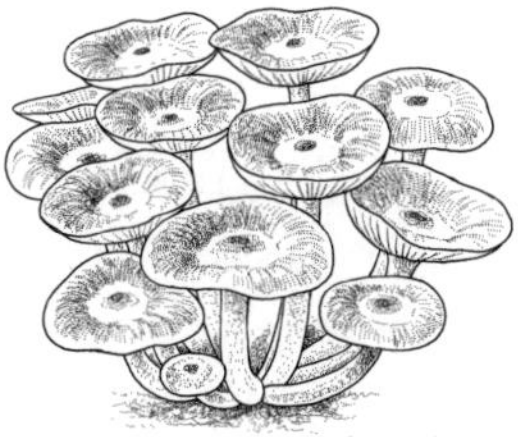

ナラタケモドキ

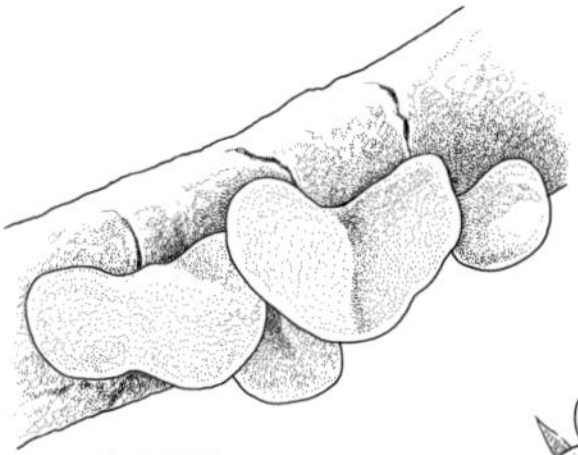

キクラゲ

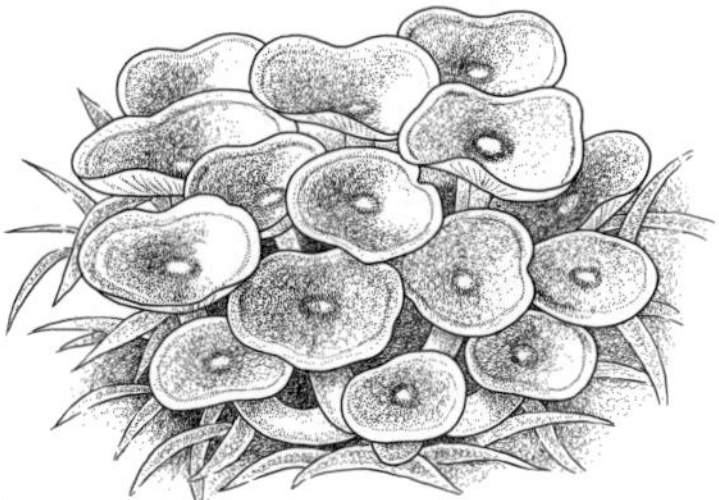

ハタケシメジ

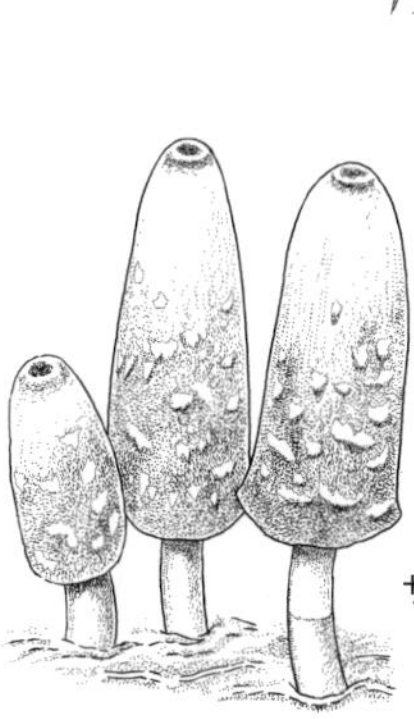

ササクレヒトヨタケ

さっと湯がいて和えものなどにすると、乾物をもどしたものとは違った新鮮な風味が味わえるでしょう。同じような場所には大ぶりで厚くやや硬いアラゲキクラゲも生え、こちらは中華風の炒めものなどによく合います。

地上に生えるキノコも見逃せません。この時期には、木の根と共生する「菌根菌」よりも、地中に埋まった枯れ木や積もった落ち葉、枯れ草、ウッドチップなどから発生する「腐生菌」がよく見つかります。

植込みや道ばたに群生するハタケシメジはその代表的なもので、灰褐色をした直径4～9㎝の平たい傘の中央がややへこみ、柄は太くしっかりしています。「匂いマツタケ味シメジ」といわれるホンシメジに近い仲間だけあって、味も香りもスーパーなどで売っている栽培品は比べものになりません。ちなみに「しめじ」の名で売られているもののなかには、全く縁が遠いヒラタケなども含まれています。

ササクレヒトヨタケもこの時期の道ばたや草地に群生しているのがよく目につく種類です。直径3～5㎝ほどの白い傘は、細長い円筒形から次第に鐘のように縁が反り、表面は名前のようにささくれてきます。柄は根元がやや太り、上下に動くリングのようなツバがあるのが特徴。成長すると傘の縁から黒インクのようになって融けてしまうので、円筒形のうちに採って、手早く持ち帰り調理してしまうのがお勧め。見かけによらず和洋中華どんな料理にもよく合います。

　こうしたキノコは数年間は同じ所に生えてくるので、場所を覚えておけば毎年楽しむことができるでしょう。採ったキノコを持ち帰る時は、直接ビニール袋に入れたりすると蒸れて壊れてしまうので、新聞紙に包んで両端をアメのようにねじっておくと、鮮度を保ったまま運ぶことができます。

道ばたのジャングル

生け垣は小さな生態系

敷地の周りがブロックや大谷石の塀ではなく植物の生け垣に囲われた家は、町並みのなかでいかにも落ち着いたゆとりのある雰囲気を醸し出しています。最近では生け垣の価値が高く評価され、目隠しや町の美観に役立つのはもちろん、夏は気温を下げてヒートアイランドを防止し、火事になっても周囲への延焼を食い止め、地震の際もブロック塀のように崩れて人身に被害を与えたり、道をふさいで避難の妨げになることが無いなど良いことづくめ。自治体が補助金を出して設置を勧めている例も少なくないようです。

いくら緑が豊かな住宅街でも、見ず知らずの他人の庭に入り込んで自然観察をするわけにはいきませんが、公道に面した生け垣なら半ばパブリックな存在でもあるので、外側にいる生きものを観察することくらいは許されるでしょう。ただしあくまでも個人が所有するものですし、庭をのぞき込む不審者と間違えられないためにも、挨拶などのマナーは心がけたいものです。

生け垣は面積が狭くてもある程度の連続性があるので、生き物のすみかとしても見逃せない環境です。昆虫にとっては、葉は幼虫のエサとなり、花には成虫が蜜や花粉を求めに来ます。さらにこれらを狙って、カマキリやクモといった肉食の生きものもすみつき、野鳥もエサを獲りにやって来るというように、食物連鎖のつながりさえ見られます。ジャングルと比べものにはならないものの、生け垣には小さいなりにも一つの生態系が形づくられていると言っても大げさではありません。

もっとも、同じ生け垣と言っても植えられている木の種類によって、見られる生きものも大きく違ってきます。街路樹と同様に生け垣に使われる木にも流行りすたりがあるようで、カナメモチの品種・レッドロビンの人気が上昇するにつれ、特定のカミキリムシが増えたのは前にも述べた通りです。

一方で人気が下降したのは、鋭いトゲがあるので防犯の目的でよく植えられていたミカン科のカラタチ。歌にもたびたび登場するほどポピュラーだったのが、冬には葉を落としてしまうため目隠しとしてはあまり役に立たず、家の戸締まりが良くなったせいもあってか、すっかり使われなくなりました。この木はアゲハ（ナミアゲハ）の幼虫の食樹ですが、カラタチが無くなってもチョウの姿は相変わらず町なかでよく見かけるので、他のミカン科の植物を食べているのでしょう。

昔は定番だったマサキの生垣も減っているようです。この木には夕方ヒラヒラと飛ぶユウマダラエダシャクや、晩秋に現れるミノウスバといった蛾の幼虫が大発生して、丸坊主にしてしまうことが少なくないことが、人気が低下した理由かもしれません。夏にまっ赤な実をつけ、燃えにくいので防火に役立つといわれるサンゴジュが少なくなったのも、やはり葉を食害するサンゴジュハムシが時おり大発生するためと考えられます。

空気の汚れに強いのでよく植えられたネズミモチも、公園では健在ですが住宅の生垣としてはあまり見かけなくなりました。5〜6月ごろ房のように集まって咲く白い小さな花は、アオスジアゲハなどのチョウをはじめ、マルハナバチやミツバチ、ハナアブ、時にはカミキリムシやハナムグリの仲間といった甲虫にも大人気。しかし人間にとっては地味で匂いも青臭いとしか感じないらしく、成長が早く放っておくと大木になってしまうこともあって、次第に植えられなくなったのでしょう。秋に実る黒い実にもメジロやヒヨドリなどが食べに集まって来ていたので、無くなるのは寂しいものです。

こうして見てみると、生垣として求められている植物は、人の目をよく遮り、害虫があまりつかず、花や香りが快いものとなるようです。たしかに、最近よく使われているレッドロビン、サザンカ、キンモクセイ、ニオイヒバといった種類は、これらの条件をよく兼備えているのかもしれません。昔のように、日陰や自動車の排ガス、くり返し切り詰める剪定などに強いという条件で植物を選び、生け垣に使っていたのに比べれば、より消費者のニーズに沿った植物が主流になるのも当然でしょう。

ただし「害虫がつかない」ということは、生きものにとっては有難くない植物なわけで、町なかの生態系としての価値が低下するのは明らか。実は先にあげた人気が衰えている種類はどれも、生きもののすみかとしての役割が高いものばかりです。

もちろん生け垣の持ち主が、手間も経費もかかるのを厭わずに維持管理をしてくれるおかげで、その価値を地域と共有できるわけですから、通りすがりに自然観察をしているだけの立場で勝手なことは言えません。しかしせっかく町なかの自然として貴重な存在なので、より生きものの視点に立った生け垣づくりについての情報が行き渡り、そうした方向性の選択も可能になることを願いたいものです。

フェンスの花園は昆虫レストラン

町のなかの緑というと人の手が入って整備されたものがほとんどですが、そんななかで道ばたのわずかな空間に生えてきた草むらは、数少ない手つかずの自然と見なすことができます。掘り返されたばかりのむき出しの土でも1年も経たないうちに草が生えはじめるのは、「植物の遷移」という過程を経てそこが森に変わっていく第一歩。仮に草むらに全く手をつけなければ、10年も経てば鳥や風に運ばれた種子が芽を出して低木の林に変わっていき、100年も経てば立派な森になると考えられています。

もちろん地価が高く変化の激しい都会ですから、現実には草むらがいつまでも放っておかれることはありませんが、たとえ小さく数年で消えてしまうような環境でも、数多くの生きものがすみついている場合が少なくありません。

なかでも注目したいのは、管理の悪い駐車場の周りなどにめぐらされた金網のフェンス。これにさまざまなつる草がからみつき、その根元が丈の低い草で被われているのは、それほど珍しい光景ではないでしょう。生えているのはいわゆる雑草と呼ばれるものばかりですが、生き物にとっては重要な種類が数多く見られます。

たとえばヤブカラシは、葉は5枚の小葉で縁にギザギザ（鋸歯）があり、茎から伸びる巻きひげで他のものに巻きついて2〜3ｍまで成長するつる草。ヤブを枯らすほどよく茂るという名前の由来のように、どんな町なかでもごく普通に見られます。この草は、夏にオレンジ色の丸い粒（花盤）のまわりに黄緑色の花びらがついた、香りも無く目立たない花をたくさん咲かせますが、都会で昆虫を観察するにはこれを見過ごすことはできません。

チョウでは街路樹の項で紹介したアオスジアゲハをはじめ、アゲハ、ナガサキアゲハ、クロアゲハなど、すばしこく飛ぶアゲハチョウの仲間を観察するに最適。蜜を吸っている間は

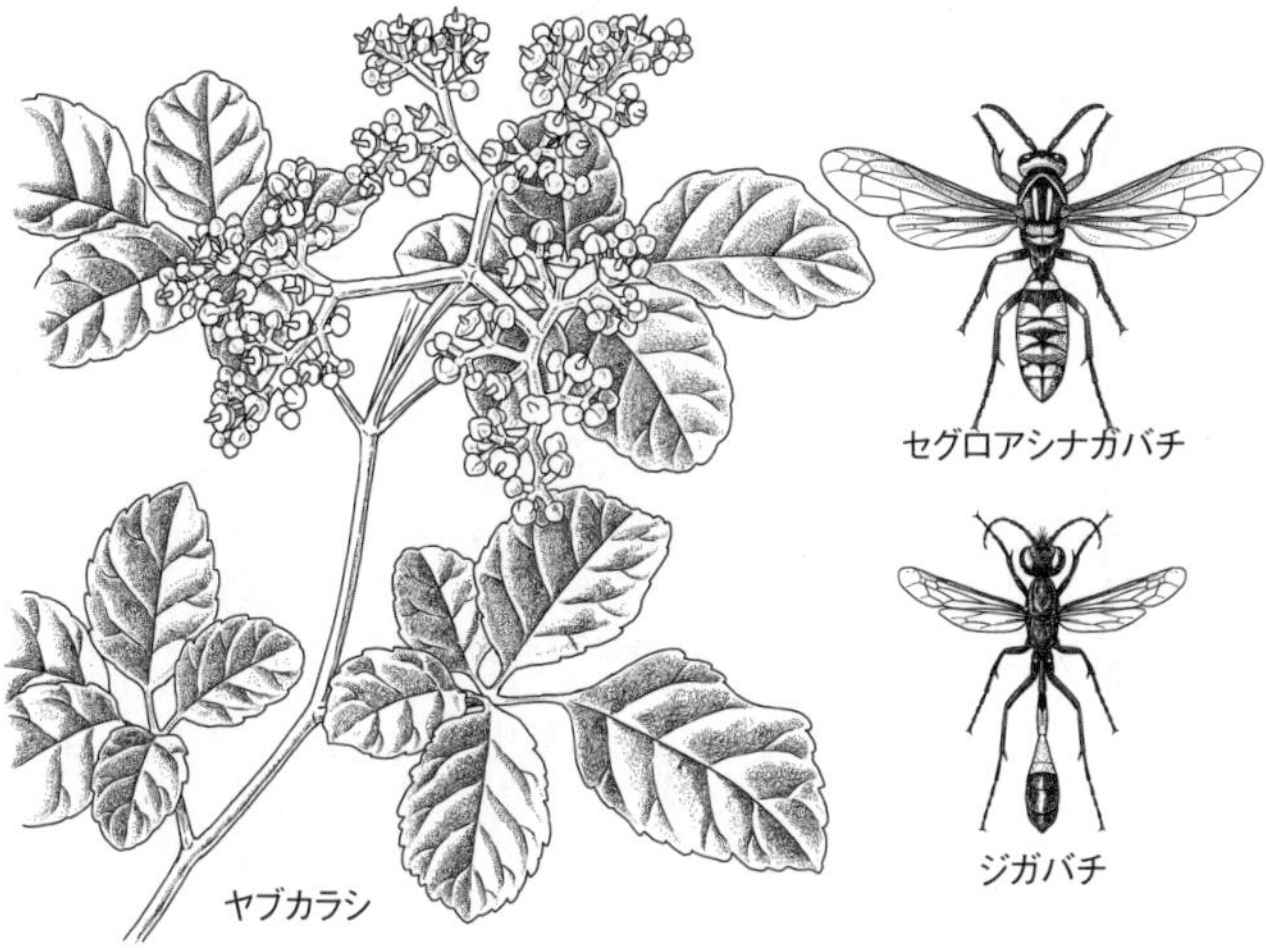

なかなか花から離れないうえ、この仲間は飛行コースがほぼ決まっているので、飛び去っても待っていれば再び戻ってきます。

　また、危険といわれるアシナガバチやスズメバチの仲間もよくやって来ますが、花に来ている時のハチは手を出さなければ、自分から襲って来ることはほとんどないでしょう。

　さらに注目したいのは、ジガバチやトックリバチ、ベッコウバチといった狩人バチを観察できるチャンスが多いこと。この仲間は捕まえたりしないかぎり人には危害を加えないおとなしい習性で、巣をつくらず単独で活動するため、ヤブカラシの花以外で出会うには偶然に期待するしかありません。

　この他にもマメコガネやコアオハナムグリなどの甲虫が蜜をなめに訪れ、時にはハチに擬態した蛾のモモブトスカシバがホバリングしながら蜜を吸っている場面に出くわす幸運もあるなど、ヤブカラシの花はさながら昆虫レストランです。

ヤブカラシと同じブドウ科に属して、もっと地味な花をつけるのがノブドウ。その名の通り葉はブドウにそっくりで、秋には緑色から紫や青の濃淡に変わる色鮮やかな実をつけますが、残念ながら食べられません。この花にやって来る昆虫もヤブカラシと共通で、とくにいろいろなハチがやって来るのが目立ちます。

同じような場所で見かけるヒルガオは、つけ根が二つに分かれた長くとがった葉をもち、夏に咲くアサガオに似た小さなピンク色の花。この花にはマルハナバチの仲間がよくやって来て、筒状になった花の中にまで潜り込んで蜜を吸っているようすが観察できるでしょう。ノミハムシやマメコガネも常連で、葉の裏側には張りついたような平たい体が金色に輝くジンガサハムシの仲間がいるかもしれません。

フェンスにからみつくつる草には、他にもさまざまな種類がありますが、花を訪れる昆虫以外にも多くの生きものを支えているので、次の項で改めて紹介します。

イモムシケムシを育むつる草

つる草にはさまざまな幼虫のエサとしても重要なものが少なくありません。とくに新緑のころは9～10月と並んで、イモムシ、ケムシと呼ばれるチョウやガの幼虫が最もよく見られる季節です。

なかでも尾部にとがった突起をもち8㎝ほどにまで成長するスズメガのイモムシはよく目立つグループ。先に紹介したヤブカラシを食べる種類では、体に目玉模様が並ぶコスズメやセスジスズメ、驚いて胸をふくらませた姿がヘビに擬態したようなビロードスズメなどが知られています。近い種類のノブドウからも同じイモムシが見つかるほか、黒とオレンジの地に白い網目模様という派手な姿のトビイロトラガのケムシは、どちらの植物にも共通です。

ヒルガオを食草とするエビガラスズメのイモムシは巨大で、ゴムのようなつやのある体には黄緑、薄茶、こげ茶などのバリエーションがあり、時には葉を食べつくして丸坊主にしてしまいます。垣根のアサガオや畑のサツマイモなどにもつき、秋に芋掘りをした時に出てくる大きなサナギはたいていこの蛾のもの。

スズメガのイモムシが食べるつる草としては、ヘクソカズラも忘れるわけにはいきません。長いハート形の葉をもち、夏になると中心が赤紫色をした白い花をつけますが、名前の通り葉をもんだりすると臭い匂いがします。この草につくのは、ホシヒメホウジャクやホシホウジャクといった、尾の突起が長くのびたイモムシ。成虫は昼間に活動して、ホバリングしながらアザミなどの花から蜜を吸います。

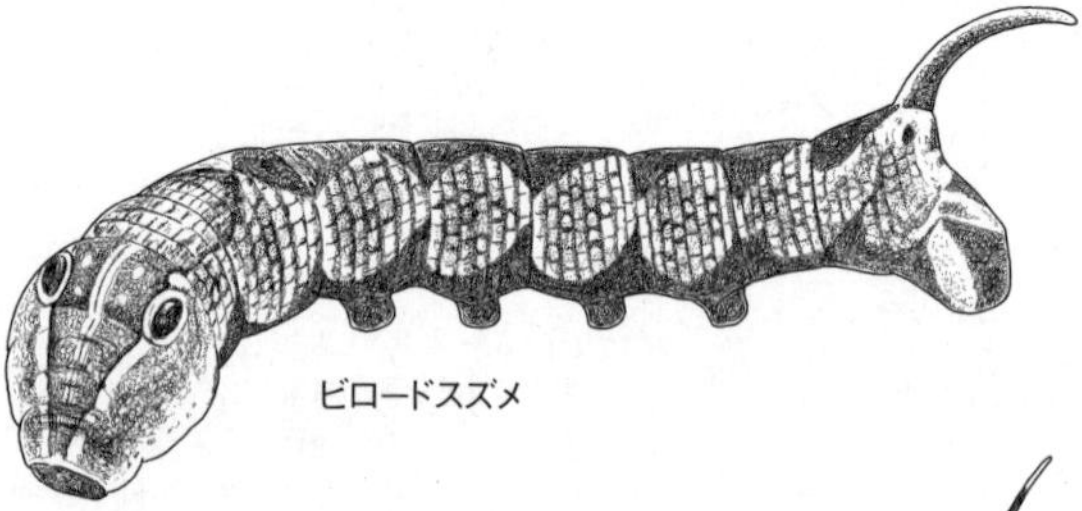

ビロードスズメ

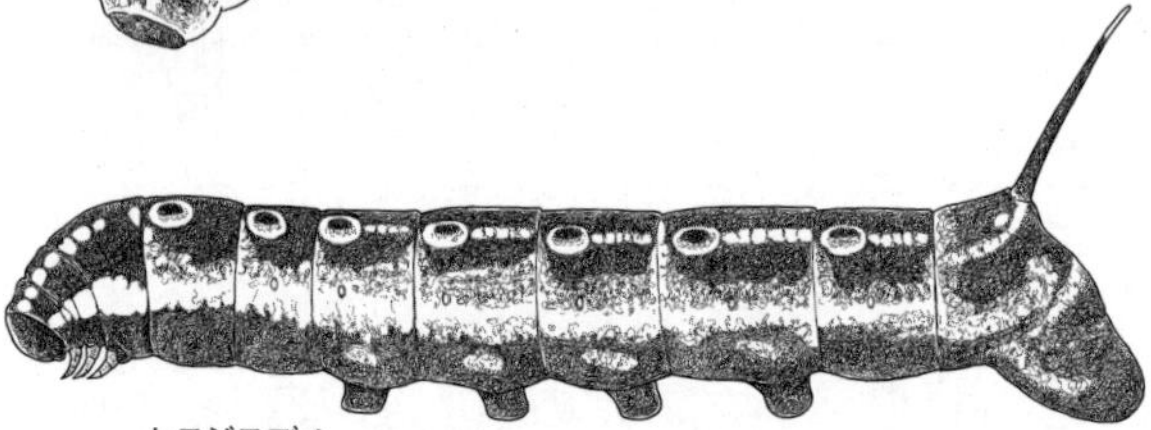

セスジスズメ

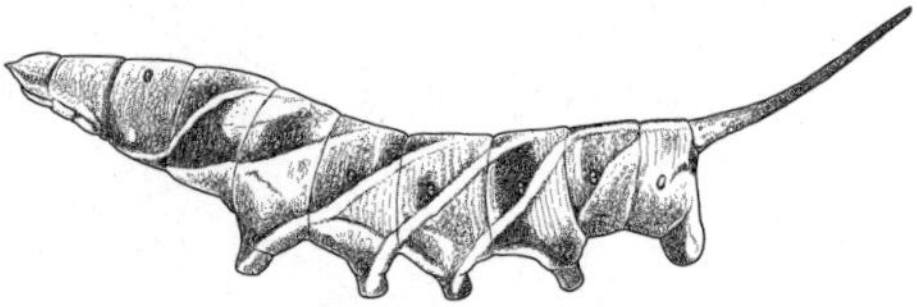

ホシヒメホウジャク

ジャコウアゲハ

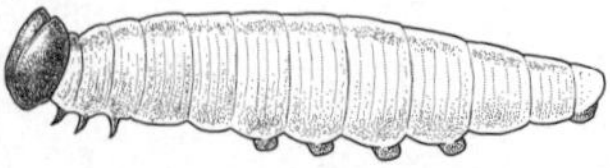

ダイミョウセセリ

畑で栽培されるヤマノイモによく似たハート形の葉をもつオニドコロには、10㎝近くにまで成長するキイロスズメのイモムシとともに、葉の一部を折りたたんで巣をつくっているダイミョウセセリの幼虫がいることがあります。こげ茶色の翅に白い帯が走るシックなチョウですが、東京と大阪では装いが違い、東日本では前翅にしかない帯が西日本では後翅まで続いています。

やはりハート形の葉で先が丸く、特有の臭いがあるウマノスズクサはジャコウアゲハの食草。体長4㎝ほどの幼虫は、ユズボウと呼ばれるずんぐりして目玉模様をもつ他のアゲハチョウの幼虫と違って、こげ茶色に白い帯のある体が突起に被われています。このチョウのサナギはその姿が、怪談・番町皿屋敷に登場する女中のお菊がしばられた様に似ているといわれ、「お菊虫」とも呼ばれました。昔は井戸のまわりにこの草がよく茂っていたので、そこに投げ込まれたお菊の霊が取り憑いていると言い伝えられたようです。

ダイミョウセセリやジャコウアゲハは、緑が残っている環境でないとすむことができないので、もし住宅地でこれらのチョウや幼虫を見つけたら、そこは人間にとっても住みやすいと考えることができるでしょう。ちなみにここにあげたイモムシ・ケムシはいずれも、どんなにトゲや毛が生えていても毒ではありません。

マニアが放した外国のチョウ

先に述べたウマノスズクサにはもう1種類、注目すべき幼虫が食草としています。成長すると2・5㎝ほどになるトゲの生えたイモムシ・ホソオチョウです。幼虫の黒い体には灰色のまだら模様があり、体の節ごとに4本ずつ出ているトゲのうち、頭の付け根のものは長くのびますが、どれにも毒はありません。小さいころの幼虫は葉の裏に群れを作り、時には大発生し食草を食い尽してしまうこともたびたびです。

成虫は広げると5・5㎝ほどの白っぽい翅をもち、長い尾をなびかせながら弱々しい感じで草むらの上を低く飛ぶ小型のアゲハチョウ。公園、墓地、河原の土手など日当たりのよい環境で見られますが、同じ場所に何年もいることは少なく、これまでいなかった場所に突然現れることもあります。

実はこのチョウ、もともと日本にすんでいた種類ではありません。本来は朝鮮半島や中国、ロシア沿海州などに分布していたものが、1970年ころから東京郊外でも姿が見られるようになり、その後は西日本から九州の各地で点々と記録されるようになりました。

飛ぶ力が弱いチョウなので自力で飛んできたとは考えられず、どこにでも生えているような食草をわざわざ輸入したらそれについてきたという可能性もほぼゼロ。海外の昆虫を生きたまま日本に持込むことは厳しく制限されていて、入国の際にもチェックされるため、旅行者が持込むこともないでしょう。

どうやらホソオチョウは、海外のチョウが身近に飛んでいれば嬉しいという考えからか、チョウのマニアが密かに持込んで放したらしいと考えられています。アメリカシロヒトリの例に見られるように、海外の昆虫が国内に持込まれた時に、どんな被害をもたらすかは予想がつきませんが、ホソオチョウの場合は幸いなことに、日本に元からすんでいて同じウマノスズクサを食べているジャコウアゲハに大きな影響は出ていないようです。

こうした例は最近も跡を絶ちません。その一つが１９９０年代から関東地方で急激に分布を広げているタテハチョウの仲間・アカボシゴマダラ。アゲハよりやや小さいくらいの大きさで、公園の木の上などを軽快に飛びまわっている、白っぽい翅のチョウです。

アカボシゴマダラは、朝鮮半島、台湾、中国大陸にすんでいますが、日本でも鹿児島県の奄美諸島にだけ生息しています。長いあいだ島に閉じ込められて、他の地域と交流が無く進化したため、後翅の赤い紋がとても目立つ、この島にしかいない「固有亜種」です。

関東地方で捕まったものを調べてみると、特徴が一致したのは奄美諸島産ではなく中国大陸のもの。つまりこのチョウも人間によって中国から持込まれた移入種でした。こちらについてもホソオチョウと同様に、チョウマニアの仕業という説が有力です。

アカボシゴマダラ大陸亜種

ホソオチョウ

アカボシゴマダラの幼虫はエノキの葉を食べます。この木は公園などによく生えていますが、鳥が食べた実がフンとともにばらまかれ、道ばたや駐車場のすみなどにも芽を出して、小木に成長しているのをよく見かけます。アカボシゴマダラの幼虫は、町のなかのこうしたエノキについていることも少なくありません。

一方この木は、よく似たゴマダラチョウや国蝶と呼ばれるオオムラサキのエサにもなります。しかし町なかでは、ゴマダラチョウがわずかに見られるばかりで、オオムラサキはすめないようです。この2種の幼虫は、冬になると根元の落ち葉の下に潜って過ごしますが、乾燥が厳しいためかなりの数が春までに死んでしまいます。とくにオオムラサキの幼虫は乾燥に弱く、雑木林のような自然が豊かな環境でないと冬を越せません。さらに町なかの公園では、落ち葉が掃除されてなくなってしまうことも大きなダメージでしょう。

これに対してアカボシゴマダラの幼虫は、落ち葉の下でも冬を越しますが、木の枝の割れ目などに貼りついて過ごす場合の方が多いほど、乾燥に強い種類。一見するとゴマダラチョウやオオムラサキが押しのけられているようにも見えますが、アカミミガメ（Ｐ58）の場合と同様に、アカボシゴマダラも都会の環境が悪化したのを利用して、勢力をのばしているに過ぎないと言えるでしょう。

今のところアカボシゴマダラは、もともと日本にいた在来種に大きな影響を与えているようではないし、日本である奄美諸島にもいるのだから、中国産のものが持込まれてもそれほど大きな問題はないだろうと思われるかもしれません。

しかしもしも中国産のアカボシゴマダラが奄美諸島まで分布を拡げることがあれば、長い時間をかけて進化してきた島の亜種と交雑し、固有亜種が消えてしまうという、モツゴとシナイモツゴ（Ｐ57）に見られたような事態が起きる危険性があります。

さらに近年では、カブトムシやクワガタムシの輸入規制がゆるくなって、ホームセンターなどでも外国産のこれらの虫が売られるようになったのに伴い、飼いきれなくなって野外に放されたと考えられるものが見つかる例が増えてきました。こうした昆虫が日本の在来種を押しのけたり、交雑してしまうことも十分に予測されます。なかにはわざと放していると考えられるような悪質なマニアもいるようです。

移入種の問題はどこか遠い自然のなかの話のように思われるかもしれませんが、実は道ばたにも潜んでいて私たちも大きく関係しているのです。

ちなみに「移入種」は「外来種」と呼ばれることも少なくないものの、この呼び方には「外国から入ってきた生きもの」というイメージが強く、モツゴやアカボシゴマダラのような、日本国内での生きものの移動という大きな問題が霞みがちになるので、本書では「移入種」と表記しています。

肉食系は豊かな自然が好き

「緑豊かな住宅地」とはよく使われる言葉ですが、見た目に緑が多いことが町のなかの自然の豊かさを表しているわけではありません。そこにすんでいる生きものの豊かさこそが、それを表していると言えるでしょう。海外の都市のなかには、どう見ても東京や大阪より緑が多く見えるにも関わらず、出会う生きものの数が非常に少ない例もあります。

もっとも、カラスやドバトばかり多くても自然が豊かな都市とは言えないことはお分かりの通り。ならばどんな生きものが豊かさを測るものさしになるかというと、注目したいのは肉食系の種類です。
生態系のしくみを表すのに使われる「生態ピラミッド」は、よく知られているように底辺である植物が草食動物の生活を支え、草食動物がより上の肉食動物の生活を支えるしくみです。上に行くほど生きものの数が少なくなることや、さらに底辺を支えるものの数が少なくなれば、高くすることができないのは、運動会の人間ピラミッドと共通しています。

つまり町の中にいる肉食の生きものが多ければ、それは底辺になる緑が、より多くの草食の生きものを支えている＝自然が豊かという証拠になるといえるでしょう。もちろん家の近くをキツネがうろついていたり、公園でタカが狩りをしているようなことはほとんどありませんが、道ばたの生け垣や草むらでも、肉食動物を見つけることができます。

たとえば花に集まるハチの多くはれっきとした肉食系。ミツバチやハナバチは花の蜜を集めるだけですが、スズメバチやアシナガバチの主食はイモムシやケムシです。こうしたハチは他の昆虫を大きなアゴで噛み砕いて肉だんごにし、巣にいる自分の幼虫に与えています。生け垣の周りなどで何かを探すように行ったり来たりして飛んでいるハチは、獲物のイモムシ・ケムシが葉を食べているのを探しているに違いありません。慌てふためいて逃げ出さずに、少し距離を置いて観察していると、ドラマチックな狩りのシーンが見られるでしょう。アシナガバチなどがよく見られる場所の近くに、刺身の切れ端や鳥のささ身などを細く切っ

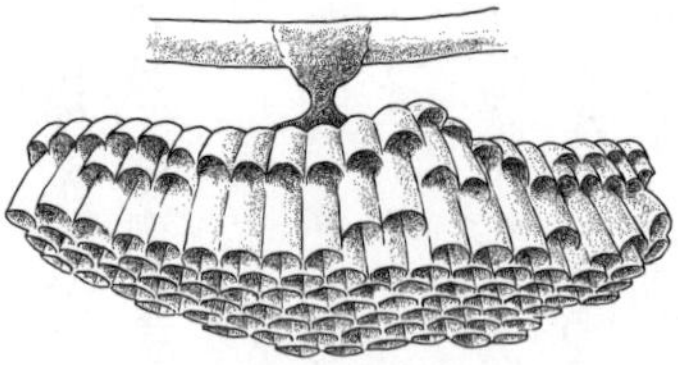

セグロアシナガバチ

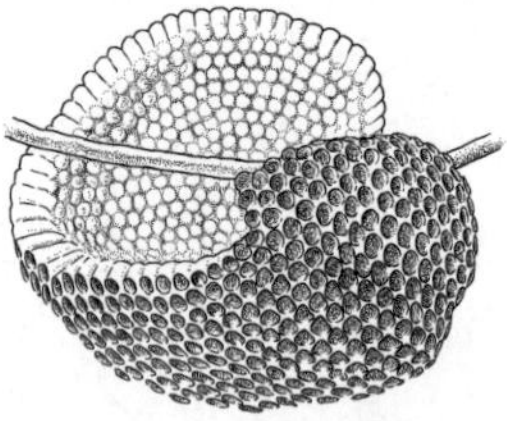

フタモンアシナガバチ

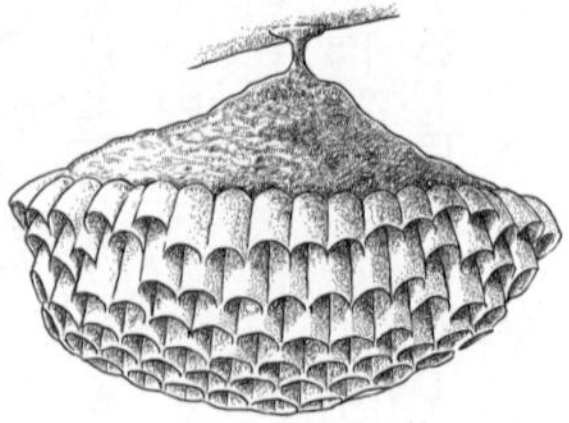

キアシナガバチ

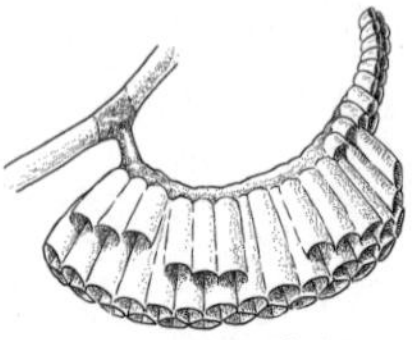

コアシナガバチ

て吊るしておくと、やはり肉だんごにして運ぶようすが観察できます。

　町のなかで見られるアシナガバチの仲間は、セグロアシナガバチ、フタモンアシナガバチ、キアシナガバチ、コアシナガバチなどが主だった種類で、これらはハチの姿だけではなく、家の軒先などに作る巣の形でも見分けることができます。セグロアシナガバチは都市化が進んだ町でもすめるのに対し、キアシナガバチは緑が残っていないと生活できないので、ハチの種類を確かめることで町の自然の豊かさを計ることも可能です。

　同じように花でよく見られるスレンダーなスタイルのジガバチやトックリバチの仲間も、イモムシを幼虫にしているところから「狩人バチ」と呼ばれますが、彼らは肉だんごは作りません。替わりにイモムシに針を刺して麻酔をかけ、泥で作った巣や地面に掘った穴の中に蓄えて、卵を産みつけると入り口をふさいでしまいます。イモムシは麻酔をかけられただけなので生きたまま鮮度は落ちず、卵から孵ったハチの幼虫のエサとなるわけです。

生け垣や家の外壁などに見つかる土でできた塊は、狩人バチの一種であるスズバチの巣であることが多く、トックリバチの作った陶芸作品のような直径1・5㎝ほどの巣を見つけられたらラッキーです。細い竹をたばねておくと、そのなかに獲物を運び込んで巣にする種類も少なくありません。

ハチというと恐ろしいものというイメージが強いかもしれませんが、無闇に怖がって相手を知ろうとしない人ほど刺される場合が多いようです。イモムシやケムシに植物を食い荒らされるのを嫌うなら、人通りが多い場所に巣をつくりでもしない限り、ハチの存在も認めてやってはいかがでしょうか。きっと害虫退治という恩返しをしてくれるに違いありません。

大都会の闇に潜む

夏は町のなかと言えども生きものの活動が最も活発になる時期です。しかしヒートアイランド化もあって、摂氏40℃を超えることも珍しくなくなった都会の猛暑のなかでは、とても炎天下に自然観察をする気にはなれないし、下手をすると生命にかかわります。こんな日は元気に鳴き声を上げているセミを除くと、生きものの多くが涼しい日陰に隠れてしまい、ほとんど姿を見かけません。

日が落ちて多少気温が下がってからなら、昼間に活動する生きものは見られなくなるものの、夜にだけ活動する種類に出会う機会があります。人間の目につきにくいためか、意外な種類が活動していることも少なくないので、夕涼みや花火見物もかねて出かけてみるのをお勧めします。

ただし夜の観察には昼間と違った注意が必要です。必携の懐中電灯も、垣根越しに建物の窓や庭を照らしたりすると、住人に大きな不審感を与えます。公園や住宅街で大声で話すのが近所迷惑になるのは言うまでもありません。警察に通報されてトラブルにもなりかねないので、十分に自重して行動しましょう。防犯のため人気の無い公園に一人で行かないなどはもちろん、暗い道ばたでの交通事故にも気をつけて下さい。

宵に咲く花とスズメガ

街角や道ばたで見かける花の多くは、照りつける真昼の太陽にも負けずに夏を謳歌しているかに見えますが、日が翳るころにようやく開き始める花も少なくありません。

たとえば花壇でよく見かけるオシロイバナは、英語で「Four o'clock」、中国語で「四打《スダ》鐘《ジョン》」と呼ばれることからも分かるように、咲くのは日が傾いた夕方から。アサガオによく似た白く大きな花を咲かせるヨルガオも、暗くなるころに開くと甘い香りを四方に放って、夏の宵を華やかな雰囲気に包みます。この花と混同されがちなユウガオは、ヘチマやカボチャの仲間なので花の形は違うものの、やはり名前の通り夕方に咲く白い花です。

また、サボテンの一種である月下美人は、一夜限り咲く花としてあまりにも有名で、多くの花びらと強い香りをもった直径20㎝もある豪華な花をつけます。まだ栽培される数が少なかった時代には、咲きそうになると近所に声をかけて集まったり、新聞ダネになることもありました。

一方、こうした栽培植物ばかりでなく、道ばたの雑草にも注意してみると、この時間帯にしか見られない数多くの花に出会うことができるでしょう。

なかでもぜひ観察してみたいのがカラスウリ。町なかでもフェンスや植込みなどにからみついているつる草で、晩秋に楕円形のオレンジ色をした実をつけることで知られているものの、実際に花を見た人は意外なほど少ないかもしれません。それというのもこの花は午後8時ごろに開き朝にはしぼんでしまうので、夕飯の後にでもわざわざ出かけなければならないからです。夏休みにアサガオの花を観察させるために子供を朝早く起こす親は多いでしょうが、カラスウリの場合は夜更かしを勧めることになってしまいます。

この花のつぼみは長い花筒の先が丸くふくらんだ形をしていて、5つに割れるように開くと、それぞれの花びらの縁にくるくると丸まっていた長く細いヒゲを次々に伸ばしてゆきます。このヒゲの先はいくつにも枝分かれしていて、花が開ききると大きく広がり、暗闇に浮かびあがる様はまるでレース細工のよう。

「宵待草」の別名で知られるマツヨイグサの仲間も、道ばたや駐車場の片隅などの草むらでよく見かけます。町なかでもよく見かけるメマツヨイグサ、花の大きなオオマツヨイグサなど多くの種類が知られており、いずれも高さ1〜2mほどのまっすぐな茎をのばして、そのてっぺん近くに4枚の花びらをもつ黄色い花をいくつもつけます。原産地は南北アメリカで、幕末から明治時代にかけて日本に移入されて野生化しました。

こうした夜咲く花がもつ共通の特徴は、花が大きかったり、白や黄色といった目立つ色を

大都会の闇に潜む

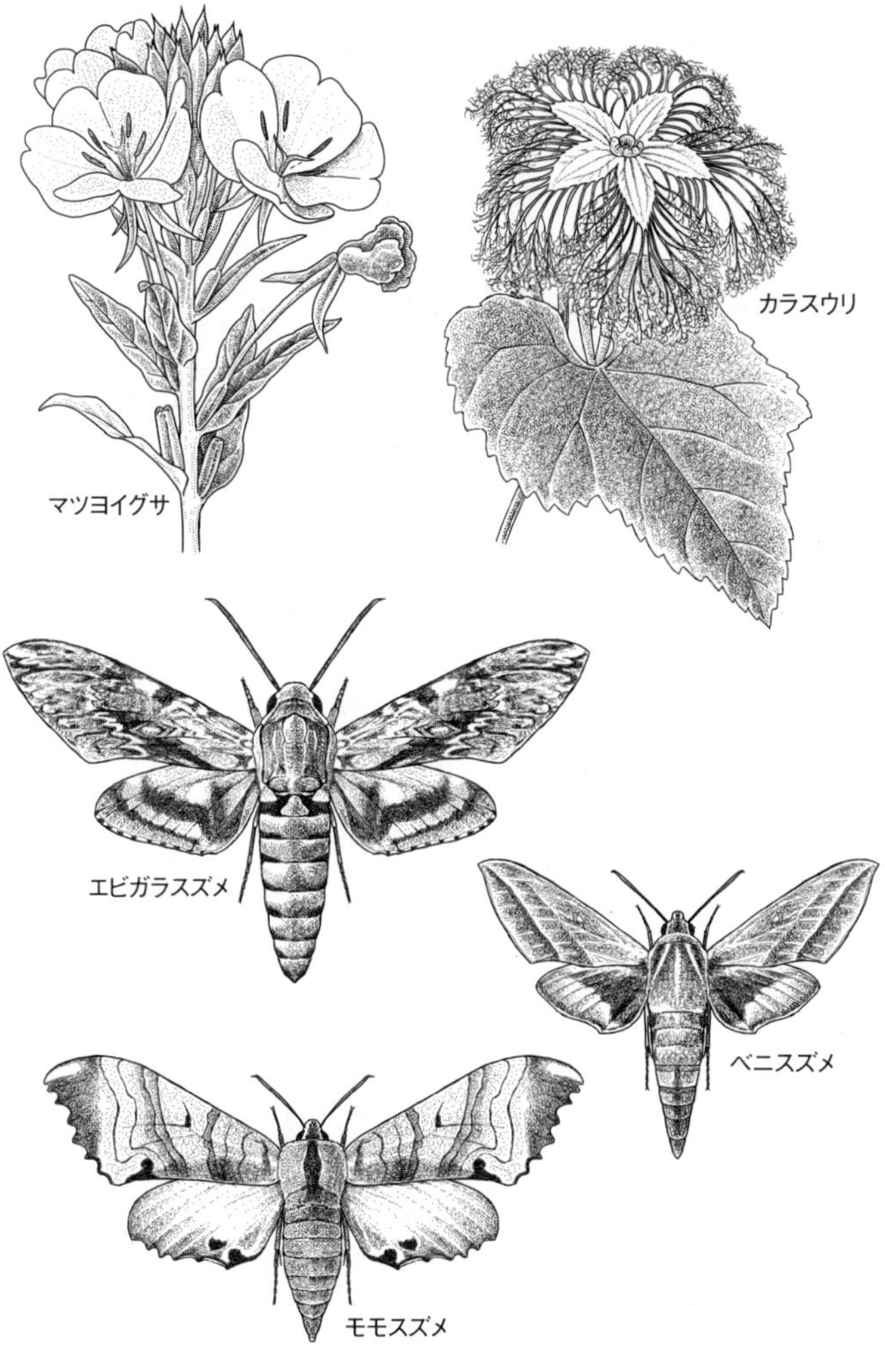

していたり、強い香りをもっていたりと、存在を強くアピールしていること。この理由は、花を観察しているとすぐに気づくでしょう。それに引き寄せられるように、素早いスピードで飛んで花を訪れる生きものがいるからです。

その正体はスズメガの仲間。太く紡錘形の体ととがった細い翅をもつスマートな蛾で、宵闇のなかから突然あらわれては、花の周りを飛びまわると、またかき消すように飛び去ってしまいます。彼らはバタバタと飛ぶイメージが強い多くの蛾とは違い、高速で羽ばたくので飛行性能が高く、ヘリコプターのように空中で静止するホバリングもお手のもの。花の前に陣取ってよく観察すると、飛びながらストローのような口吻を伸ばし蜜を吸うようすは、中南米にすむハチドリのようです。

町で見られるスズメガは10種類以上が知られていますが、どんな花にも蜜を吸いにやって来るわけではありません。彼らの口吻の長さは種類ごとに違い、ウチスズメのように短いものでは、花筒の部分が長い花の蜜がある部分まで届かないためです。一方、エビガラスズメのように１００㎜以上の口吻をもつ種類では、花筒が90㎜もあるヨルガオからも蜜を吸うことができます。

こうした花と蛾の組み合わせは、花は同じ種類の花に確実に花粉の受け渡しができるように、蛾は特定の花の蜜を独占できるようにと、お互いに歩調を合わせるように進化したと考えられ、「共進化」と呼ばれています。もっとも、スズメガがやって来るのは夜咲く花ばかりではなく、フロックスやクチナシ、クサギなどにもよく集まります。

スズメガは街灯やコンビニの灯りなどにも引きよせられ、その飛行性能に似合わず、一度止まるとじっとしてあまり動かないことも少なくありません。時には朝までそのままでいて、早起きのカラスのえじきになってしまうほどなので、飛んでいる時には分からなかった特徴をじっくり観察することができるチャンス。戦闘機のようなシャープなスタイルもさることながら、濃いピンク色のベニスズメ、巨大なシモフリスズメなど色や形も多彩です。モモスズメやウンモンスズメといった種類は、口吻が退化しているため花には来ないので、こうした灯り以外ではほとんど観察できません。

住宅にすみつくアブラコウモリ

町なかを流れる小さな川の橋の上や公園の池の周りなどで、夕闇が迫るような時間に空を見上げると、黒いシルエットが翼をひるがえすようにして飛んでいるのに出会うことがあります。一見すると鳥のように見えますが、尾が短くヒラヒラした動きをしているようであれば、その正体はアブラコウモリである可能性が高いでしょう。

アブラコウモリは翼を開くと25㎝ほど、体長4〜5㎝の日本で最も小型のコウモリの一つ

アブラコウモリ

ユスリカ

で、本州から九州にかけてすんでいます。コウモリと言うと洞窟にすむものというイメージがありますが、彼らは別名「イエコウモリ」と呼ばれるように、建物のすき間などもねぐらにすることができるため、町のなかで暮らしていくことができる数少ない種類。

かつては都会にも木造の建物が多かったので、ねぐらになるすき間がたくさんありましたが、最近の気密性のよい家にもすみつくことも少なくありません。これは彼らの必要とする空間の厚みがわずか1・5㎝もあれば十分なためで、時にはエアコン用に開けた穴とパイプのすき間をねぐらにしている例さえあるそうです。

コウモリは飛んでいる小さな昆虫をエサにしており、これを捕らえるために口から超音波を発し、はね返ってきた音を聞いて獲物の位置を確かめているのはよく知られた話。小石などを投げ上げると、獲物かと思って近寄って来ます。超音波の波長はコウモリの種類によって違うので、バットディテクターという道具を使うと、それを受信して種類を確かめることも難しくありません。

コウモリほど誤解されている動物も少なくないようですが、昔の日本では美術や工芸のモチーフになったり、家に入ってくると縁起が良いと言われたほどなので、マイナスのイメージは明治以降に西洋から輸入されたのでしょう。古くからヨーロッパでは悪魔にはコウモリの翼がつけられていたし、イソップなどの寓話では鳥とも獣ともつかぬ卑怯者の烙印を押され、さらに南米産のチスイコウモリがドラキュラ伝説と結びつけられるなど、さんざんの扱いを受けてきました。

こうしたイメージが浸透しているためか、町なかの家にすみついたアブラコウモリも害獣として嫌われ、駆除を専門にしている業者もいるほど。確かに天井裏などに数十頭の繁殖集団にすみつかれると、フンによって家が汚される場合もありますが、町なかにすむ数少ない野生動物ですから、生活に支障が無いようなら大目に見てやりたいものです。

近年ヨーロッパなどでは、コウモリの生息環境を守るようになったのはもちろん、国によっては一晩に体重の半分もの昆虫を食べる習性を蚊の駆除に役立てようと、家にコウモリの巣箱を掛けるのが盛んとのこと。今後はこうした意識も輸入するべきでしょう。

都会で見られるアブラコウモリが、池や川の上を飛び交っていることが多いのは、水を飲んだり蚊を食べるばかりでなく、多少汚れた水でも発生することができるユスリカをねらうためのようです。このユスリカはもまた、「不快生物」として扱われることが少なくありません。見た目は蚊にそっくりなうえ、時に大発生し集団で飛び交っては「蚊柱」をつくり、家の明かりにも集まって来るためです。

しかし、幼虫のアカムシは高度経済成長期のようなひどい汚れの川では生きていくことができないので、大発生はいわば水質が改善してきた証し。人から血を吸ったりすることもありません。何よりも、コウモリとの関係ばかりではなく、幼虫は魚や水生昆虫のエサにもなり、都市の生態系を支えている一員でもあるわけですから、無闇に行政に駆除を求めるのは考えものです。

人とともにすみかを広げたヤモリ

夏の夜にわざわざ出かけなくても、家で観察できる機会が多い生きものがニホンヤモリです。灯りにやって来る昆虫などを捕らえようとして、窓ガラスや天井に貼りついて走り回る姿をよく見かけます。垂直や逆さになったつるつるした面でも落ちずに活動できるのは、よく知られているように指の裏に吸盤があるおかげ。ただしこれはタコの足に見られるようなものではなく、「指下板」と呼ばれる細かいヒダに生えた無数の毛の先が吸盤状になっているためで、肉眼で確かめることはできません。

ニホンヤモリは、家屋の中で人間と共存している数少ない生きもので、姿はもちろん、家具の裏などに卵を産みつけた跡や、ふ化して間もない子供が本のページの間に挟まれたままひからびてしまったものも、たびたび見つかります。野外で観察されることが少ないため、古い時代に中国などから持ち込まれた移入種ではないかとの説もあるほど。

それを裏付けるように、ニホンヤモリが国内でよく見られるのは西日本で、東北地方北部には生息していません。東京でも郊外までよく見られるようになったのは戦後のことらしく、西側の多摩地域のうち山沿いでは、１９７０年代以前は姿が見られなかったという記録があります。どうやら寒さに弱い彼らは、暖房設備が普及して冬でも家じゅうが暖かくなったおかげで、分布を広げているようです。おそらく建材などとともに、もともとすんでいた地域から運び込まれたのでしょう。

近年では、標高の高い山地でも見つかるようなりましたが、こうした分布の拡大を地球温暖化と結びつけたがる向きもあるようで、実際に筆者の元にも新聞記者からの問合せがありました。しかし家屋に強く依存している彼らの場合、右のように考えた方がずっと合理的で

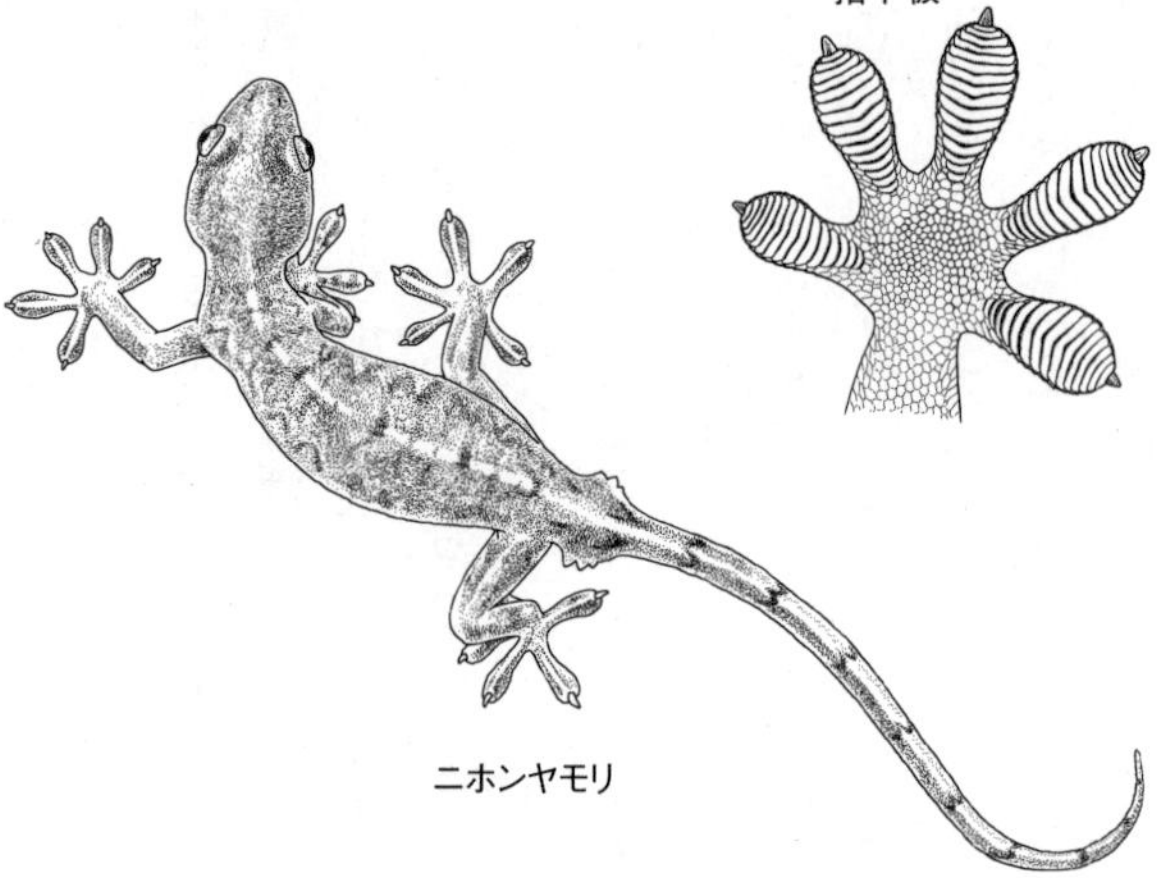

指下板

ニホンヤモリ

す。この記者もそうした説明に納得したのか、問合せのあったヤモリについては記事にならずホッとしました。

　地方によっては「ヤモリがすみつくと家が栄える」ともいわれ、漢字で「家守」と書くのもそうした意味があるようです。ひょっとすると、昔は暖房が完備している裕福な家に限ってすみついていたために生まれた言い伝えなのかも知れません。

　ニホンヤモリには興味深い習性が数々あります。同じ爬虫類であるトカゲやカナヘビのように、敵に襲われると尾を切り離す「自切」もその一つ。切れた尾はくねくねとしばらく動いて敵の目を引きつけるので、その隙に逃げるわけです。しばらくすると尾は次第に再生してきますが、色が変わったり元より短くなったりして、全くの元通りには戻りません。よく見るとほとんどのヤモリには、尾の付け根に再生した跡が観察できます。

また、背景に合わせて体の色を変えることもでき、白い壁にいるときなどは模様の無いうすい灰褐色、黒っぽい場所では濃い灰色の濃淡の模様が現れます。

こうした習性を観察するために、捕まえて数日ほど飼育してみるのも面白いでしょう。家の灯りに蛾などの昆虫がよく集まり、生きたエサが毎日用意できるようなら、手間はかかるものの難しくはありません。捕まえる時には手でわしづかみにしたりせず、虫捕り網に追い込むようにします。容器はふた付きのプラスチック水槽で構いませんが、必ず木の皮などを立てかけた隠れ家が必要。水は入れ物から直接は飲まないので、朝と晩に霧吹きなどで隠れ家や水槽の壁に吹きかけて与えます。ただしヤモリには直接かけないように。

エサは蛾、チョウ、コオロギ、バッタなど柔らかい昆虫を水槽の中に放して与えます。コガネムシのような固い甲虫はあまり好みではなく、カメムシは食べられないように臭い匂いを出すので避けましょう。捕らえるのに抵抗が無ければ小型のゴキブリは最適。ペットショップで売ってるミルワームも短い間ならエサに使えます。

昼間は隠れ家にじっとしていますが、夜になると動き回ってエサを捕らえるのが観察できるでしょう。指の裏側の指下板やまぶたの無い目といった体のようすもよく分かります。時には腹の中の卵が透けて見えるメスもいるかもしれません。

長期間の飼育は毎日の世話がたいへんなうえ、家の中にいるものをわざわざ手間をかけて容器の中で飼うのも馬鹿らしくなって来るので、数日ほど観察したら元いた場所に逃がしてやるのが賢明です。

闇から闇へと活動する獣たち

都会で出会う獣＝哺乳類と言えば、先に紹介したアブラコウモリや、ちらりと見かけることもあるクマネズミを除けば、イヌ・ネコに限られると思いがちですが、実は夜の闇にまぎれて、思いがけない動物が町の中まで進出しています。

その一つが、アニメや昔話などによって、日本人に親しまれている動物の代表とも言えるタヌキ。最近では、東京都内で目撃された例がマスコミで報道されることも増えています。皇居や明治神宮といった緑の豊かな環境ばかりでなく、杉並、練馬、板橋など23区の住宅地を中心に多くの目撃情報があり、研究者によると生息する数は約1000頭にも及ぶとか。一方の大阪では、市内中心部で見たという情報はあるものの、東京に比べると都会に進出しつつあるとまでは言えないようです。

タヌキは「最も原始的なイヌ」とも呼ばれる動物で、オオカミやキツネなどの他のイヌの仲間の多くが、開けた環境で獲物を追う方向に進化したのに比べ、夜の森林でのそのそと活動して、小動物ばかりでなく木の実などの植物もエサとする雑食性を身につけたようです。こうした習性は、ずんぐりした体や短い足といったタヌキの姿にも反映しています。

彼らの本来のすみかである里山は、村落、田畑、果樹園、雑木林、草原、小川などがモザイク状に入り組んでいるため、エサもネズミやカエル、魚、昆虫、カニ、時には果物や野菜などの作物までバラエティ豊かで、雑食性の彼らにとっては絶好の場所でした。

しかし都市化によってこうした環境が失われたため、タヌキは一時的に都会から姿を消します。東京では高度経済成長期を境に、皇居など自然の残ったごく一部の地域を除き、西部の丘陵地や山地でしか見られなくなっていました。

都内で再びタヌキが目撃されるようになったのは1990年代。彼らは住宅地に残された神社や公園などの緑地にすみつき、主に昆虫、カキやギンナンなどの木の実、時には残飯をエサにして暮らしているようです。なかには人知れず戦後を代々生き延び、町の移り変わりを物陰からのぞいていたかもしれません。夜行性ということもあって、実際に都内でタヌキに出会うのは難しいようですが、夏毛のものはスマートでイヌと間違いやすいので、気付かないうちに見かけている可能性もあります。

彼らがよく見られるようになったのは、都内に生き残っていたものが増えたばかりではな

タヌキ

ハクビシン

く、川や線路などに沿った緑地伝いに、郊外の丘陵地から移動してきたこともあげられるでしょう。都内でも数が多いと推定される地域が西側に偏っていることも、それを裏付けているようです。

一方、最近になってタヌキに増して東京で目撃される機会が多くなってきたのがハクビシン。体と同じくらい長いしっぽを含めると90㎝を超える動物で、もともとは台湾、中国南部から東南アジアに広く分布し、日本には仲間のいないジャコウネコ科に属しています。鼻から額に白く太い線が伸びる特徴から、漢字で「白鼻芯」の名がつきました。国内には江戸〜明治時代にペットや毛皮用として持ち込まれ、野生化したと考えられる移入種です。

ハクビシンはタヌキ以上に雑食性が強く、とくにミカンやカキといった果物を好みます。緑の豊かな住宅地には、こうした果樹が庭木として植えられていてもあまり収穫されない場合が多いので、彼らにとっては絶好のエサ場。さらに夜行性のうえ、原産地では樹上で生活していたので、人間やイヌの目につかないように電線を伝って移動するのもお手のものです。

こうした習性が都会生活に向いていたのか、東京では2000年代に入って急に目撃情報が増えはじめ、繁華街である渋谷の駅前にまで現れてニュースにもなりました。東京23区のうち、世田谷、杉並、文京、練馬ではタヌキの数を凌駕し、イヌネコを除けば最も見かける機会の多い哺乳類とまで言われるほど。一方、大阪市内での記録ははるかに少なく、大阪府全体を見ても2000年に北部の箕面で初めて観察されてはいるものの、その後は東京ほど分布を広げているようには見えません。

ハクビシンに出会うのも簡単ではありませんが、木に実っているミカンを食べる時にはヘタだけ残すのでそれが白く目立ちます。先にあげたような住宅地で、こうした痕跡のある庭を見つけておいて、夜になったら確かめに行くというのは一つの方法です。ただし、不審者に間違えられる可能性も高いので、住民に一声かけておくのが無難でしょう。

東京では見られないのに大阪市内での目撃記録が多い哺乳類は、大陸からの移入種であるチョウセンイタチ。もともと日本にいたニホンイタチより大型で、残飯をあさるなどの適応力も高いので、市街地にすみつくことができたと考えられます。東京にもいたニホンイタチは体は小型なものの、ネズミやカエルといった小動物をエサにするため、より自然が豊かな環境が必要で、都市化が進んだ高度経済成長期を境に姿を消してしまうと、タヌキのように再び進出することはできなかったようです。

秋

鳴く虫は都会が好き?

西のクマ・東のミンミン

夏の盛りには都会の真ん中でもセミの声が降り注ぐように聞こえることについて、日本人の多くはとくに不思議には思わないでしょう。しかし、これほど虫の声が当たり前に溢れている都市は、世界にそれほど多くないようです。たとえば赤道にほど近い熱帯にあるシンガポールは、東京や大阪以上に人口密度が高いにも関わらず遥かに緑の多い都市で、セミなどの昆虫が生息するには条件が良いように見えますが、日本のような蝉時雨に町なかで出会ったことはありません。

ヨーロッパの場合はさらに顕著で、アルプス山脈以北にセミはほとんど生息せず、イギリスでは小型で鳴き声も目立たないチッチゼミの仲間が、ごく限られた地方に1種類いるのみ。その昔、日本の動物園に初めて納入に来たヨーロッパの動物商が「お礼に何か差し上げたい」と問われて、園内のセミが鳴いている木を指さし「あの鳴く木が欲しい」と答えたという笑い話まであるほどです。北海道を除けば大都市でも必ず2~3種類のセミに出会える日本は、

Spring Summer Fall Winter

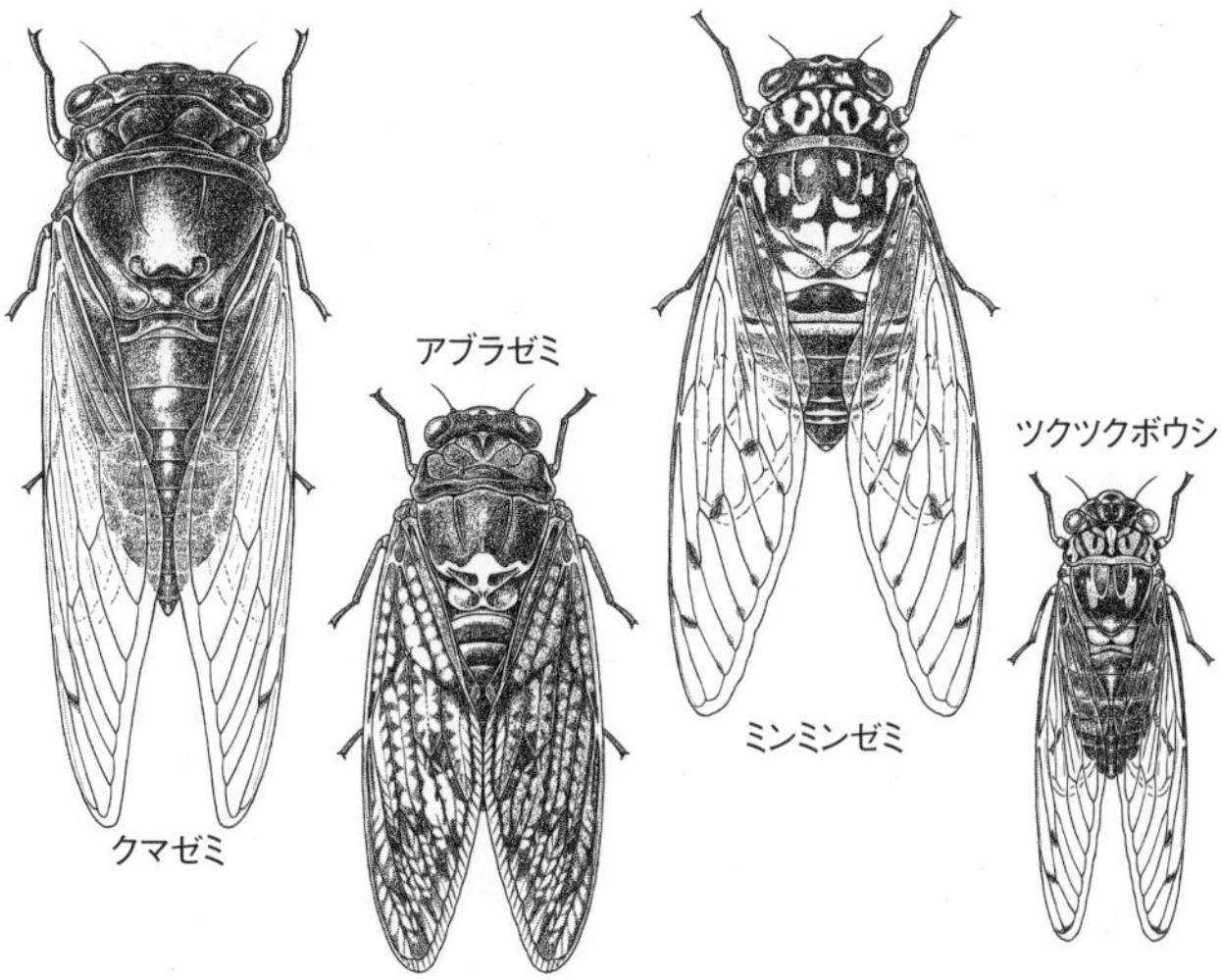

まさに「セミ王国」と呼べるでしょう。

とは言うものの、東京と大阪では出会えるセミに多少の違いがあります。まず西の横綱と言えば都市部で圧倒的多数を占めるクマゼミ。日本本土では最大のセミで、黒光りする体には迫力があります。「シャッシャッシャッシャッ…」というちょっと機械的で大きな鳴き声は、西日本では公園や街路樹でもおなじみ。一本の木に何匹もとまって鳴いている時は警戒心も緩むのか捕まえやすいようで、大阪の子どものセミ捕りと言えばこの種類がメインターゲットです。一方、関東地方では南のごく一部を除いて分布しないので、昔は東京周辺の昆虫少年たちにとって憧れの的でした。

これに対して、大阪では町なかでほとんど

見られない山のセミなのに、東京や横浜で勢力をのばしているのはミンミンゼミ。黒と緑のモザイク模様の背中に透明な翅をもち、名前の通り鼻にかかったような「ミーンミンミンミン…」という声で知られています。このセミは、戦争を挟んだ時期に首都圏で著しく減ったらしく、戦後しばらくはそれほどメジャーな存在ではありませんでした。増えてきたのは1980年ころからで、今でも下町と呼ばれる江東区や墨田区では少ないとのこと。これはもともと少なかったとも、空襲で焼き尽くされたともいわれていますが、原因ははっきり分かっていません。

どちらの都市でも昔からの常連として共通なのは「ジリジリジリジリ…」と鳴くアブラゼミ。とくに東京では下町など他の種類のセミが見られない地域でも、アブラゼミだけはしぶとくすみついています。茶色い翅は日本人にとって見慣れたものですが、世界的には美しくエキゾチックな種類に見えるようです。

やはり都市でもよく見られ、他のセミよりやや遅れて8月に入るころから鳴き出すのがツクツクボウシ。「オーシーツクツク…」とくり返すかん高い鳴き声は、夏休みが終わるころになると数が増し、宿題の存在を嫌でも思い出させてくれます。ただし東京ではミンミンゼミより緑が多い環境を好むらしく、すんでいる場所もやや限られるようです。以上4種が町のなかでも見られるセミの代表でしょう。

その他、梅雨のころから現れるニイニイゼミは、小型でまだら模様の翅をもち「チィーィー…」と音程を変えながら鳴く声が歯医者さんのドリルにたとえられます。抜け殻が泥をかぶっているのも特徴。ただしこのセミは町なかといっても、かなり緑が残っていないとすめないようです。

さらに豊かな緑が必要なのは、夕暮れなどに「カナカナカナ…」というもの淋しい声で鳴くヒグラシ。大気汚染に弱い針葉樹の林を好むためか都市では数を減らしており、東京の区部では明治神宮や皇居など、数えるほどしか生息地がありません。大阪市内ではすでにいなくなってしまったと考えられています。

このように種類によって好む環境に違いがあるため、聞こえるセミの鳴き声から、その場所の自然の豊かさを測ることもできます。大阪ではクマゼミ・アブラゼミ→ツクツクボウシ→ニイニイゼミ、東京ではアブラゼミ→ミンミンゼミ→ツクツクボウシ→ニイニイゼミ→ヒグラシの順で豊かであると言えるでしょう。

こうした地域や時代の変化を知っていると、テレビドラマなどで夏を表現するための効果音として使われているセミの声のなかに、明らかにおかしなものを見つけることも少なくありません。

一度は見たいセミの羽化

子どものころに捕まえたセミを虫かごに入れておいたら一晩で死んでしまったという経験や、町なかで仰向けになった亡骸にアリが群がっているのを見る機会も多いかと思います。セミの成虫の寿命は二週間ほどで、短い夏の時間を懸命に鳴くことだけに費やしているようにも見えるせいか、はかなさに感情移入してしまう人も多いかもしれません。

ところが土の中で木の根から汁を吸ってすごす幼虫時代を含めれば、セミは昆虫界で指折りの長寿。アブラゼミでは6年前後もあり、これは哺乳類のハムスターなどよりずっと長生きです。昆虫の多くはひたすらエサを摂って成長することだけを目的とした幼虫の時と、繁殖の相手を求めて子孫を残すことだけを目的とした成虫の時では、別の生きものに見えるほど姿も習性も大きく違うので、こうした誤解が起きるのでしょう。

さらに北アメリカ東部にいる「周期ゼミ」と呼ばれるグループは、13年とか17年などという幼虫期の長さを誇ります。このセミは毎年現れるのではなく、周期ごとにいっせいに成虫となるため、その年には樹液を吸われ過ぎた木や枝が枯れ、鳴き声がうるさくて電話が聞こえない、走る車にぶつかってくるので交通渋滞が起きる、山となった死体が悪臭を放つなど、ちょっとしたパニックが起きるほど。一般のアメリカ人が使う昆虫の呼称は語彙が少なく、セミとバッタを同じ「Locust」と呼ぶことさえありますが、こうした大発生のイメージがあるせいとも考えられます。

昆虫が幼虫やサナギから脱皮して成虫になることを「羽化」と呼び、セミの羽化は幼虫期が長いせいか、とりわけ神秘的でドラマチックに感じずにはいられません。ヤブ蚊に食われながらでも、ぜひ一度は自分の目で見ておくだけの価値はあります。

日が暮れるころに穴から地上に現れた幼虫は、羽化するのに適当な場所を求めて歩きまわり、木の茂みや建物の壁などに登って静止。ほどなく丸い幼虫の背中が割れて、中からしわくちゃの翅をもった青白い成虫が反り返るようにして現れます。次第に翅が伸びてセミらしくなっても、しばらくは柔らかく透明感のある白い姿のままで、体が固くなるのをじっと待っています。

ここまで数時間はかかるので、テレビなどで紹介されるコマ落しの画像しか知らない人にはじれったくて仕方がないかもしれませんが、同じ場所で何頭もの幼虫が時間差で羽化してくるので、周辺を探していくつかを見つけておき、順番に観察してまわると退屈しないでしょう。

こうした姿を見るためには、自然が豊かな場所に出かける必要はありません。セミの羽化を見るチャンスは、少ない緑にセミが集中している都会の方がずっと高いのです。夏休みに

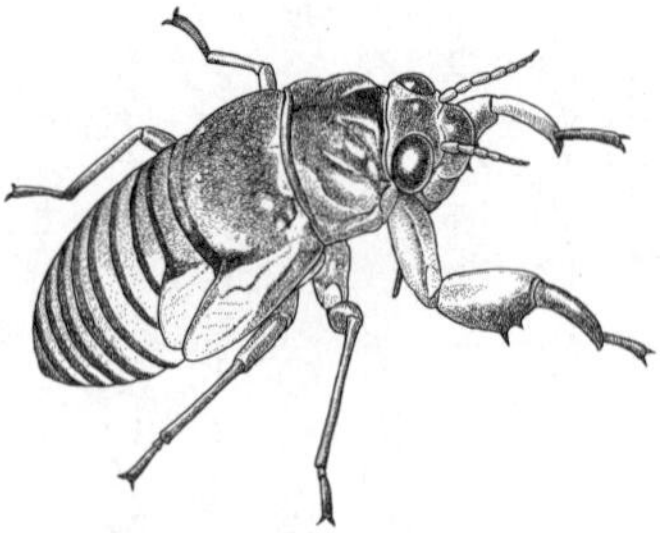
アブラゼミの幼虫

羽化

なると東京では皇居北の丸公園や外堀公園、大阪でも大阪城公園などで観察会が開かれていますが、それ以外でも昼間に鳴き声がうるさいほどの公園があったら、背の低い茂みをのぞき込んで抜け殻を探してみましょう。たくさん見つかるようならば、夜に羽化を観察できる可能性は大です。

　都会でもヤブ蚊は多いので、虫よけスプレー持参はもちろん、服装は長ソデ長ズボンがお奨めです。とくに首周りは攻撃されるので、薄手のスカーフや見た目にこだわらなければタオルや手ぬぐいでガード。懐中電灯は大型で強力なものは周囲への迷惑にもなるし、ずっと持ったままでいると意外に重いので、ポケットに入るようなＬＥＤライトの小型のもので十分。写真を撮る場合はヘッドランプが便利です。

セミの幼虫が地中から出てくるのは午後7時ころからで、蒸し暑い晩の方がよく見つかります。気温が低かったり強い雨が降り続いているような天候の日はあきらめた方が賢明でしょう。幼虫はかなり長いあいだ地面を歩きまわっているので、踏みつぶさないように注意。体はデリケートで、押されたり傷がついたりした幼虫は羽化できないため、見つけても決して触らないことです。せっかく高い場所まで登っても、何が気に食わないのかまた地面に下りてしまうものもいますが、根気よく見守って下さい。足場を固めたようにじっと動かなくなったら羽化が始まります。

地上に現れて羽化するまでの間に命を落とすものは多く、歩いているところをヒキガエルの餌食になったり、足場が悪くて転落したり、羽化の最中にアリに襲われたりと、無事に成虫になるのは7割ほどに過ぎません。

夜の公園には危険もあるので、できれば明るいうちに下見をしておき、家族や知り合いに声をかけて連れ立って出かける方が安心です。とくに子どもがいれば、通行人に不審に思われたり、警官に職務質問をされるようなことも少なくなるでしょう。

地球温暖化でクマゼミが上京?

町なかで見られるセミの種類にも、時代とともに盛衰があることは先にも述べましたが、近年マスコミなどでもたびたび話題になるのが、東京にはもともといなかったのに、あちこちで声が聞かれるようになったというクマゼミ。その報道のほとんどが「南方系の種類が地球温暖化の影響で北上したらしい」という内容で、筆者の元にも夏になると毎年のようにマスコミ関係者から問合せがあります。

しかし都内でクマゼミが比較的多く継続的に見られる場所は限られており、代々木公園や沿岸部の平和島公園など数ヶ所を除けば、散発的な記録があるだけです。西日本の都市で見られるような、クマゼミの鳴き声が他のセミを圧倒しているようすも見られません。

クマゼミを紹介した報道や本などによく見られる間違いに、彼らの分布が西日本に限られるとするものが少なくありませんが、実は東京に最も近い自生地は神奈川県南部。昔から昆虫愛好家によく知られている生息地・三浦半島先端の城ヶ島までの距離は、都内からわずか70㎞しかなく、何かの拍子に飛んでくることも不可能な距離ではありません。もしも温暖化によって分布を広げているのであれば、中間の地域を飛び越えて特定の場所にばかり現れるのはいかにも不自然です。

都内でクマゼミが多い場所に共通なのは、いずれも多くの木を植栽して人工的に作られた環境であること。千葉県の浦安市や埼玉県の蕨市ですみついている場所も、大きな遊園地や公園でした。街路樹の項でも紹介したように、最近は公園などにも照葉樹を植える例が増えていますが、これらのなかにはより温暖で木の成長がよい西日本の造園業者が扱ったものも少なくないようです。

こうした状況証拠から、どうやら東京のクマゼミは、根のまわりの土に幼虫が暮らしていた植木ごと、もともとの生息地から持込まれたものと考えられます。都内での散発的な発生は江戸時代から知られており、「馬ゼミ」の名で記録も残っていますが、これも偶然に植木とともに持込まれたと考えれば納得。石川県金沢市周辺のように、これまで日本には分布していなかったアカスジクマゼミが、本来の生息地である韓国や中国から、植木などとともに持込まれたと考えられる例もあります。セミはいろいろな大きさの幼虫が一本の木の根で暮らしていると考えられるので、移植によって一度持込まれたら、その場所で何年も続けて成虫が羽化することも可能です。

全国的に見ると、クマゼミばかりが増えて北進しているとは言えず、都市によっては減少して他のセミが増えているという例も少なくないようです。たしかに都内のヒートアイランド化が進んでいるのは事実であり、地球温暖化も深刻な問題でしょう。しかしツマグロヒョウモンの項（P28）でも述べたように、たいした検証も無く、これらの現象と生きものの変化の間に、さも因果関係があるかのように結びつけるのは、あまり科学的な姿勢とは言えません。なかにはこうしたマスコミの尻馬に乗っているかに見える自然系コメンテーターもいるのには困ったものです。

近所にここ数年のうちにできた緑の多い公園があったら、散歩に出かけてみましょう。ひょっとすると聞き慣れないセミの声が聞こえるかもしれません。ただしくれぐれも熱中症対策はお忘れなく。

アオマツムシの騒音公害

鳴く虫と言えばセミと並んですぐ頭に浮かぶのが、小学校で習った「虫の声」の歌にも登場する、コオロギやスズムシといったバッタの仲間でしょう。日本では昔から鳴く虫の繊細な声を楽しむ文化がありますが、これは世界的に見てもそれほど一般的ではなく、単なる騒音と捉える民族の方が多いようです。鳴き声を聴きとる脳の部位が日本人だけ違っているためという、まことしやかな説まであるほど。

しかし近年では、町なかで鳴く虫の代表と言えば、セミの声が最盛期を越えた夏の終わりころから街路樹の上から聞こえてくる、情緒に欠けるほど大きな「リーリーリー」という声ではないでしょうか。人や車の雑踏すら圧倒し外国人ならずとも騒音に聞こえかねないこの声の持ち主は、体長2㎝ほどのコオロギの仲間・アオマツムシです。この虫の声が都内でこれほど聞かれるようになったのは、近年では１９７０年代の後半からですが、彼らもまた都市の変化とともに栄枯盛衰の道を歩んできました。

アオマツムシはもともと日本にすんでいなかった移入種で、原産地は中国東南部。明治の末ごろに枝に卵が産みつけられた植木ごと持込まれたのではないかと考えられています。移入種というと、これまで紹介したように日本在来の生きものを押しのけて問題を起こしている場合が少なくありませんが、今のところアオマツムシが在来種に与えている大きな影響は見当たらないようです。というのも、彼らがすみついている街路樹のような町なかの高い木の梢で一生を過ごすコオロギの仲間が、日本にほとんどいなかったため。

競争相手がいないおかげで、すでに戦前にはアオマツムシは都心の街路樹で普通に見られました。おそらく現在と同じように、町行く人々の頭上で鳴き声を響かせていたことでしょう。ところが街路樹の項で紹介したように東京大空襲で焼失したり、戦中戦後の混乱のなかで伐り倒されたりして、すみかの街路樹は激減。さらにはアメリカシロヒトリ駆除のための農薬散布のとばっちりを受け、都心からすっかり姿を消してしまいます。

しかし彼らは絶滅してはいませんでした。高度経済成長による東京の大改造が一段落した

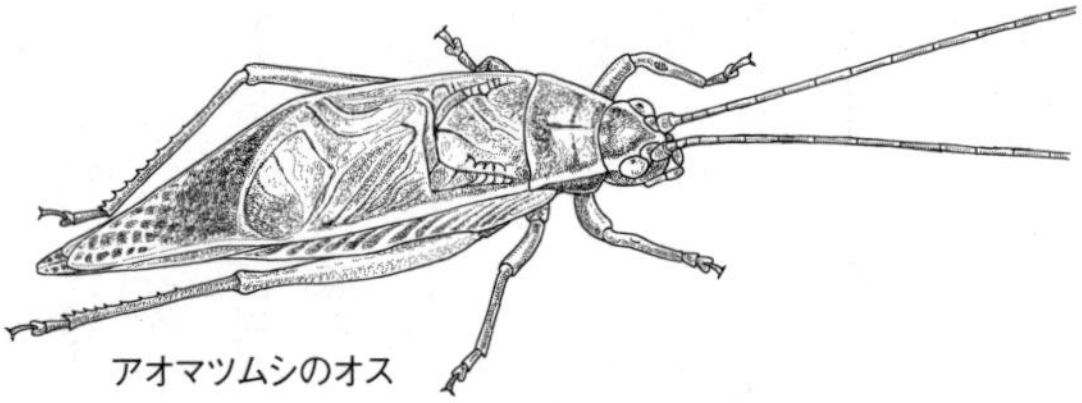
アオマツムシのオス

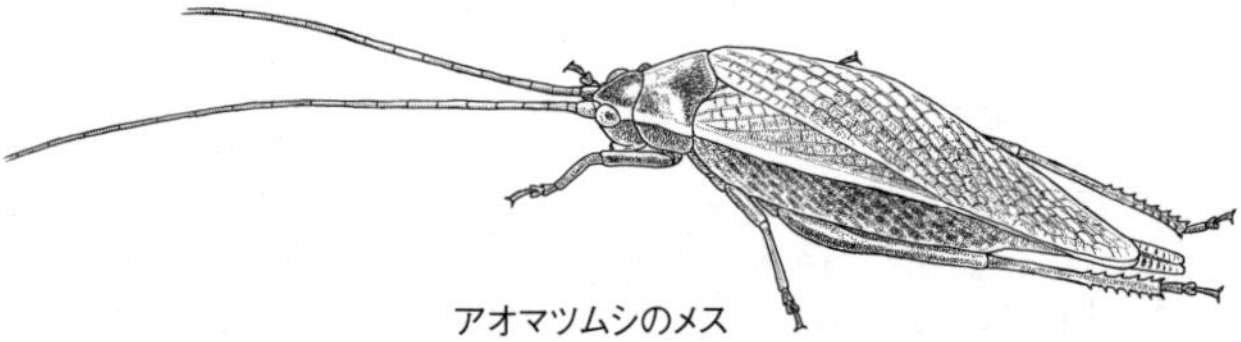
アオマツムシのメス

1970年代になると、それまで多摩地区西部の青梅市付近にひっそりと暮らしていた残党が、街路樹伝いに都内に進出し始めます。そして10年も経たずに再び都心へ復帰。今では岩手県より南の多くの都市にすみついています。

アオマツムシは声はよく聞かれるものの、その姿に出会う機会はなかなかありません。梢にすんでいるうえに、緑色の体が保護色となって見つけにくいためです。声を頼りにいる場所にあたりをつけて、長い虫捕り網で枝ごとすくうのが最も効率的ですが、町なかでそれを行なうのはかなり勇気がいるでしょう。灯りによく飛んでくるので、それをこまめに探すことをお勧めします。

捕らえたものを間近で見ると、意外なほど

小さい体から大きな鳴き声が出ていることに驚くほど。オスとメスでは背中の模様が違い、オスは翅を立てて「発音器」と呼ばれる茶色い部分をこすり合わせ音を出します。飼育をするには、サクラなどの葉のついた枝をビンに差してふた付き水槽に入れ、虫を放したらときどき霧吹きで体にかからないようにして水を与えれば十分ですが、鳴き出すとうるさいので、しばらく観察するだけにしておいた方が良いでしょう。

都会では我が世を謳歌しているアオマツムシですが、自然の林の中には入って行きにくいようです。こうした場所には、ヘリグロツユムシなどの競争相手や肉食性のササキリといった、都会ではあまり見られない樹上性の種類がすでにすみついており、付け入る隙がないためと考えられています。ドライブの途中で、それほど山奥を走っているわけでもないのに道ばたの木々からアオマツムシの声が消えたら、その場所はかなり自然度が高いと考えてよいかもしれません。

消えた鳴く虫　生き残った鳴く虫

このようにバッタの仲間に属する鳴く虫の仲間は、エサやすみかとなる緑の変化に影響されることが多い昆虫です。町なかで見られる自然のなかには、近年になって著しく減ってしまった環境も多く、こうした場所をすみかとしていた鳴く虫には、声が聞かれなくなったものも少なくありません。

なかでも草原は、都市では最も見られなくなった環境の一つ。とくにかつて空地や土手などに残っていた、丈の高いススキが茂るような風景はほとんど姿を消し、こうした場所にすむ「チンチロリン…」と鳴くスズムシや「リーン、リン…」という声のマツムシなど、いわば鳴く虫の代表選手はほとんどいなくなってしまいました。また、腰ぐらいの高さにヨモギなどが茂った丈の低い草原も同様に減り、暑い昼間に「チョンギース…」と鳴くキリギリスなども見られません。林のへりの茂みなどで「ガチャガチャ…」とうるさく響いていたクツワムシや、「スイーッチョン…」と長く引っ張るようなウマオイ（ハヤシノウマオイ）の声も、町ではほとんど聞かれなくなりました。

しかしこれらのスター級の種類はいなくなったものの、町のなかに残された緑を探してみると、今でもさまざまな鳴く虫が見つかります。

住宅地の生け垣でも「チン、チン、チン…」と澄んだ小さな声で鳴いているのはカネタタキ。体長1㎝ほどのコオロギの仲間で、主に低木の木の上で生活しています。オスには小さな翅がありこれをこすり合わせて鳴きますが、メスには退化してありません。

植込みさえあれば意外なほどの繁華街で出会うことも珍しくなく、時には部屋の中まで入ってきて鳴いていることさえあるほど。もっとも、町のなかでは雑踏やアオマツムシの声

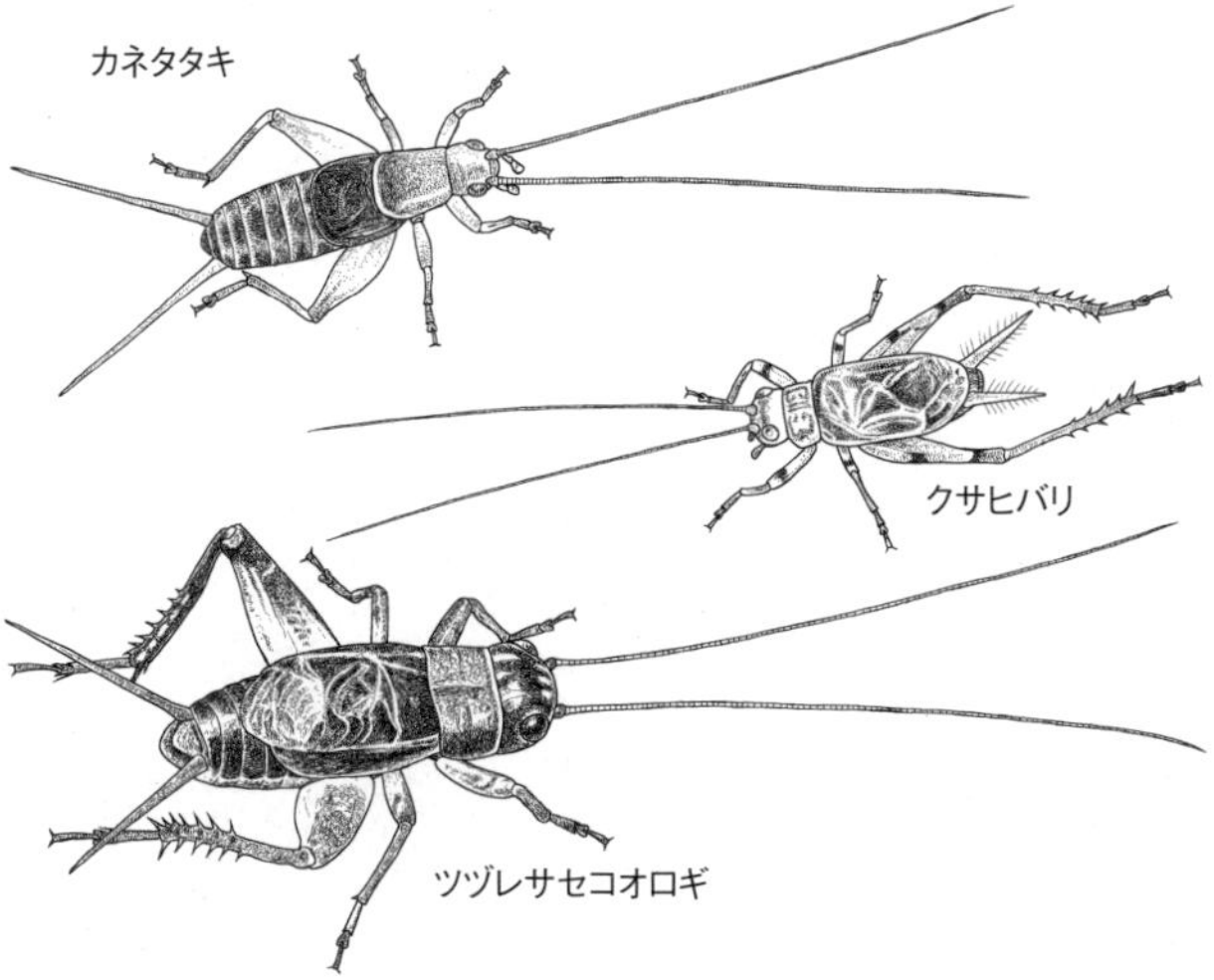

にまぎれて聞き取れない場合が少なくないようです。

秋遅くまで鳴いているので、かつてはミノムシの声と間違えられていたらしく、清少納言の「枕草子」にも「ちちよ、ちちよと泣く」という記述があります。

カネタタキよりもう少し緑の豊かな町の生け垣で見られるのはクサヒバリ。体長は7～8㎜とさらに小さく、やはり木の上にすんでいるコオロギの仲間です。「フィリリリリ…」とよく響く可憐な声で昼夜問わずに鳴き、とくに早朝に盛んに響く鈴のような音色からアサスズとも呼ばれます。日本の鳴く虫を聞く文化を「芸術的な国民の美的生活」と賞賛した小泉八雲（ラフカディオ・ハーン）も、この虫のファンだったとか。

家の庭や駐車場のわきの草むらといった、人間に最も身近な環境でよく聞かれるのは、地上にすむツヅレサセコオロギ。「リィ、リィ、リィ…」と落ち着いた声で鳴く1・5㎝ほどの種類で、夏の終わりごろから冬の初めまで、長いあいだ聞くことができます。名前の由来は、他の鳴く虫がいなくなり、この虫の声だけが聞こえるころには寒くなるので、衣服をほころびを縫いつづり冬に備えたことから来ているという説から。たしかに秋が深まってから聞くツヅレサセコオロギの声には、なにかもの寂しさを感じるものです。

しかし実際には、このコオロギは非常に闘争心が強く、オス同士が出会うと必ずケンカをするので、中国では容器のなかで闘わせて勝ち負けを競う「闘蟋《とうしつ》」という遊びに使われるほど。時には大金を賭けた博打も行なわれるようで、こうなると情緒も何もありません。

このほか公園の芝生などでは、体長6㎜ほどのシバスズをはじめとする小型のコオロギも鳴いていますが、こちらは「ジー…」と長く引っ張るだけで、面白味があるとはお世辞にも言いがたい声です。

生きものたちも食欲の秋

カマキリは昆虫屈指のファイター

「食欲の秋」は人間だけに当てはまるものではありません。秋になると多くの生きものたちが冬越しに備えて栄養を蓄えるために、他の生きものをとらえて食べているシーンに出会うことが多くなります。「食べる食べられる」という生きもの同士のつながりを観察するのには、よい季節と言えるでしょう。もっとも、すべての生きものがそのまま冬を越すわけではなく、多くの種類が卵を産んで子孫を残すための栄養を摂ることを目的にしています。

なかでも生け垣や道ばたの草むらでよく見かけるようになるのがカマキリの仲間。夏の間はまだ幼虫で目立ちませんが、秋になると成虫になって盛んにえものを捕らえます。ちなみにカマキリは、チョウなどと違って幼虫と成虫の姿にあまり変化がなく、サナギの時期を過ごすこともありません。こうした昆虫の成長過程は「不完全変態」と呼ばれており、トンボ、バッタ、カメムシなどはこれに属しています。

カマキリの体をよく観察してみると、獲物を捕らえるために進化してきたことがよく分かります。一番の特徴は、前脚が変化した捕獲用の「鎌」でしょう。昆虫の脚は5つの部分に分かれており、カマキリはこのうち二つにびっしりとトゲが生えて獲物を捕らえるのに使われ、鎌と体をつなぐ「基節」も長いので、獲物からの反撃を封じることができます。

鎌以外の脚はたいへん細長く弱々しげですが、これは攻撃のポジションを自由に変えるために使われ、体を立てて獲物に対して高い位置から攻撃することが可能です。中国拳法には、こうしたカマキリの動きを真似た「蟷螂《とうろう》（カマキリの意）拳」と呼ばれるものまであるとか。

また、広い角度で向きを変えられる三角の頭についた大きな目は、立体視ができるので獲物との距離を正確に捉え、同時に周囲にも注意を払うことができます。

カマキリと聞いてまっ先に頭に浮かぶのは、交尾の際にメスがオスを食べてしまうという習性ではないでしょうか。とくに男性には「女は怖い」という潜在意識に訴えるらしく、男を食いものにするような女性を「カマキリ夫人」と呼んだりもするようです。

しかしこれには大きな誤解があり、共食いは野外でそれほど頻繁には起きません。たまに見かける場合もオスに限らず、幼虫同士だったり、別の種類のカマキリ同士だったり、メスが餌食になっていることすらあります。そもそもカマキリは相手が何であれ、近くで動くものに対しては素早く反応して捕らえるので、オスも承知のうえで慎重に近づいて、交尾をすませるとさっさと離れてしまいます。交尾の際の共食いは、逃げ場のない飼育容器の中など

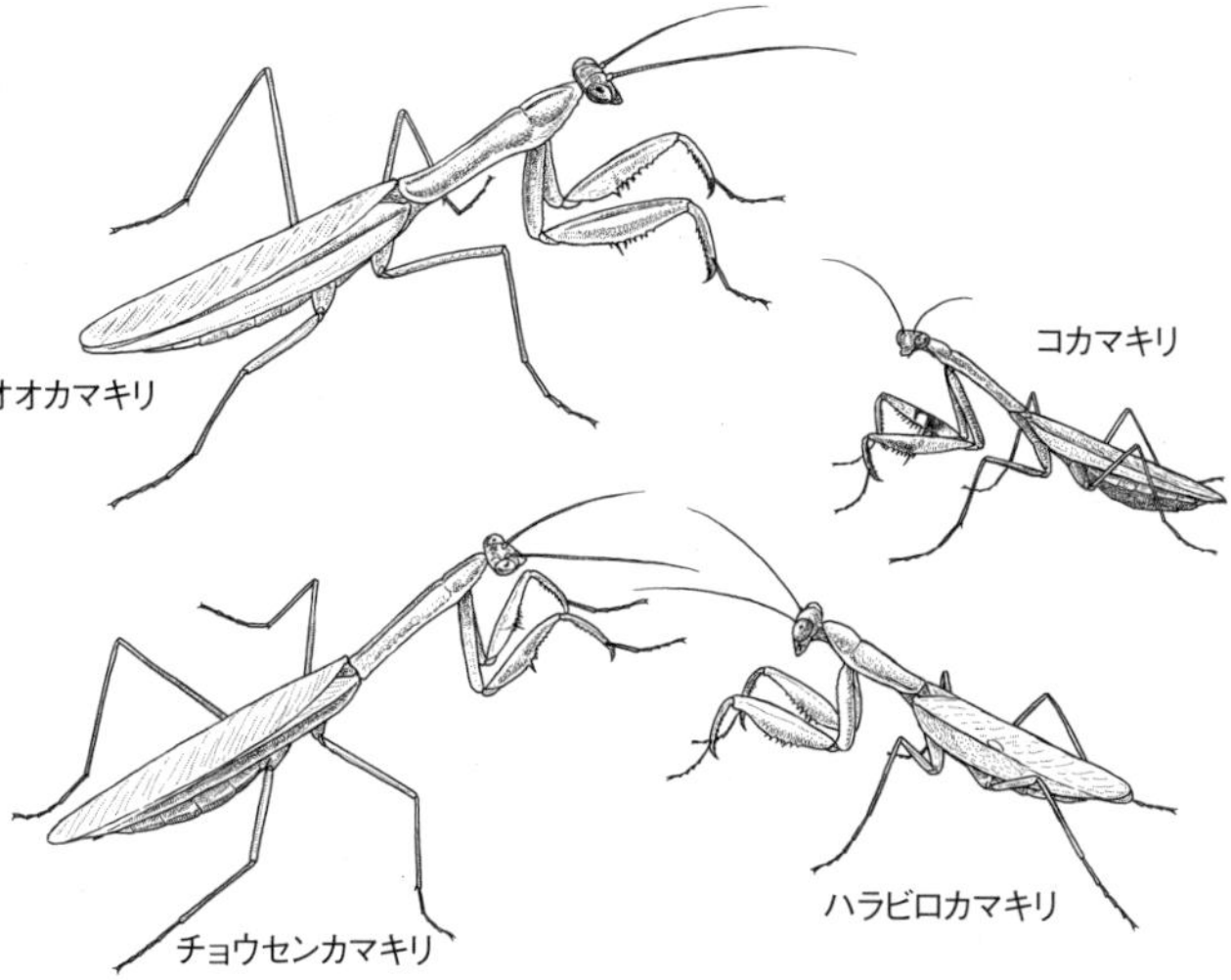

でよく起きる異常事態とも言えるでしょう。
本州から九州までの町のなかで見かけるカマキリは4種類ほど。最も大きく体長も10㎝近くになるオオカマキリは、生け垣や林の縁の草地などでよく見られ、緑色のものとうす茶色のものがいます。細長い前翅の下に隠れた後翅の色が黒紫色なのが特徴で、手でつついて怒らせると、体を起こし翅を広げて威嚇するので確かめるのは簡単です。
草むらや畑のまわり、河原といった明るい環境でよく見られるのは、単にカマキリと呼ばれることもあるチョウセンカマキリ。オオカマキリにそっくりですがやや細身で、前脚の付け根がオレンジ色なのと、後翅の色が薄い灰色をしているので区別がつきます。
一足早く夏ごろから現れるハラビロカマキ

リは、オオカマキリを寸詰まりにしたようなプロポーションで、大きさも2／3ほど。前翅のなかほどに白く丸い紋があり、木の上にいることが多いためか、緑色のものがほとんどで茶色いものはわずかです。

同じく小型でも体型は細いのがコカマキリ。体の色はうす茶色のものが大多数を占め、ごくまれに緑色のものが見つかると話題になるほどです。鎌には黒と白の帯があるのが特徴で、畑のまわりや草むらといった開けて明るい環境を好みます。

この他、河原などによく見られるウスバカマキリや、照葉樹林の落ち葉の中にすむヒナカマキリなど、日本からは10種類のカマキリが知られていますが、町のなかで見られるものは限られています。

いずれにしても、「食べる食べられる」といういきもののつながりの生態ピラミッドで、上位にいるカマキリがよく見られる環境は、エサになってそれを支える生きものが多いことを表しているので、それだけ自然が豊かだと言えるでしょう。

カマキリにはハリガネムシという長さ10㎝以上にもなる寄生虫がいることが少なくありません。彼らは水中と昆虫の体内を行き来する生活をしており、まず幼虫が水中で水生昆虫に飲み込まれ、寄生された水生昆虫が陸上でカマキリに食べられることによって、その体内に入るといわれています。成長すると体の外に出て水中生活に戻りますが、ここでハリガネムシがとるといわれる戦略は奇想天外で、寄生されたカマキリは水が飲みたくなって水辺に近づくようになるので、そのチャンスに体を突き破って外に這い出して来るとか。真偽のほどは定かでないものの、あまりにかけ離れた環境の間を行き来している生物なので、そんな説があることもうなずけます。

秋が深まるにつれ、カマキリたちは種類ごとに特徴のある卵を産んで生涯を終えますが、それについては冬の項で解説しましょう。

最も身近な肉食動物・クモ

秋になってよく目につくようになるのがクモの「巣」です。緑の豊かな公園などで、ちょっと道を外れた木陰などに、一辺が１ｍ以上あるようなジョロウグモの巣を見かけることがよくあります。クモもまた身近に見られる肉食動物ですが、日本からは約１３００種が知られており、生態もさまざまで十把一絡げにはできません。

なかでも右にあげたジョロウグモは、体長が３㎝近くあり日本本土では最大級。夏の間はまだ小さく目立ちませんが、秋になって成長し体も成熟すると、黄色と灰青色のまだら模様の腹に赤いワンポイントを配した派手な姿を目にするようになります。

もっとも、こうした特徴があるのはメスだけで、オスはその１／４程度の体長と小さく、自分で網は張らずにメスの網にすみついています。うかつにメスに近づくとエサと認識されて食べられてしまう場合もあるので、食事中や脱皮直後などの動きが鈍い時に、交尾できるチャンスを狙っています。時には何匹ものオスが1つの網に同居していることも珍しくありません。

こうした様子が、遊郭の「女郎」に夢中になって群がっている男のようにも見えますが、メスの派手な姿を大奥最上位の役職「上臈《じょうろう》」に見立て、それが訛ったのが名前の由来というのも一つの説。ちなみに「ジョウロウ」の名は、ジョウロウホトトギス、ジョウロウランのように、花の美しい植物にもよく使われています。

ジョロウグモの場合、「巣」と呼ばれる獲物を捕獲するための網は巨大で、三角に張った糸にU字型に網をかけていき、前後にも補助の網をもった複雑な構造です。横糸の粘着力は強力で、はばたく力が強いスズメバチやセミのような大型昆虫も捕らえてしまうほど。これに対して縦糸には粘りが無く、クモはこれを伝って網に脚をとられることなく移動することが可能です。網にかかった獲物には毒を注入して動けなくした後、糸でまっ白になるくらいぐるぐると巻いてから食べます。

網の下にはエサになった昆虫の翅などが落ちていることもあるので、拾って調べてみると、どんな種類を食べているかが分かります。

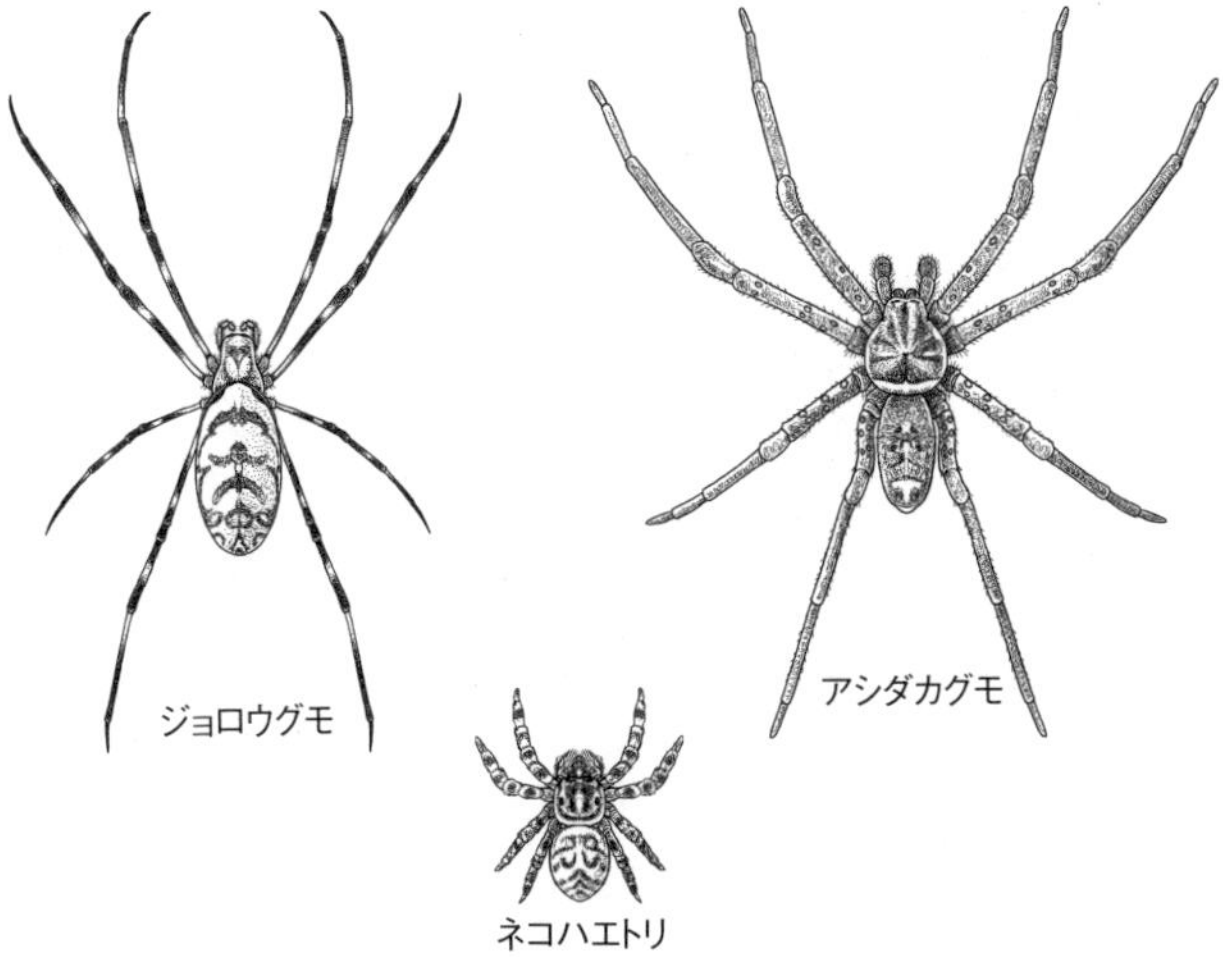

ジョロウグモは大型の昆虫をエサにしているので、こうした獲物の多い環境でないと見ることができません。よく見つかるのは木のよく茂った公園や神社などが多く、家の庭にすんでいるようなら、かなり緑が豊かなお宅と言えるでしょう。

家の近くで見られる大型のクモには、角張った腹をもつオニグモがおり、ジョロウグモより体のボリュームがありますが、姿を見る機会は少ないかもしれません。このクモは夜行性で、昼間は家の軒下などで休んでいて、夕方から夜に現れて大きな丸い網を張り、朝には畳んでしまうこともあるからです。昼間よく通る場所なのに、夜になったらいつの間にかクモの網が張られていて、顔や頭について慌てたという体験の多くは、こうしたオニグモの習性によると考えられます。ただし最近では、町のなかではエサの昆虫が減ったため か、目にすることがめっきり少なくなりました。

こうした立派な網を張る種類以外にも、町のなかには多くのクモがすんでいます。生け垣などでよく見かける、たくさんの糸をはりめぐらした皿のような網を作るのは、クサグモや体も網もやや小型のコクサグモ。どちらも「皿」の奥はトンネル状になっていてクモが隠れており、獲物がかかるのを待っていますが、網に触ってみても粘りがありません。よく見ると皿を被うように糸が張りめぐらされたワナのような構造で、中に獲物が入り込むと、なかなか逃げられないようになっています。

同じような場所でよく見られるハエトリグモの仲間は、網を張らずに歩きまわって獲物を捕らえる種類。ちょこちょことすばしこく動き、ジャンプもする活動的なクモです。名前のように素早いハエを捕らえることも得意で、飛びかかる時にはお尻から体を支える糸を張っておいて、獲物を取り逃がしても下に転落しないようにしています。

ハエトリグモには非常に多くの種類があり、見分けるのは簡単ではありませんが、家のまわりでよく見られるシラヒゲハエトリやネコハエトリ、家の中にもチャスジハエトリなどが普通にすみついています。時にはパソコンの画面にも登ってきて、カーソルを動かすとエサと間違えて追いかけるという、愛嬌のある姿を見せてくれることも珍しくありません。

家の中にすむ種類として有名なのは、関東地方より西に多いアシダカグモ。体長は３㎝近くと大型で、脚を拡げた大きさは人間の掌くらいの印象です。昼間は壁のすき間や家具の後ろなどに隠れており、夜になると壁面や天井を素早く歩きまわっています。

マスコミなどでよく紹介されるタランチュラに似て見えるのか、夜にいきなり遭遇すると驚く人も少なくないようで、「不快生物」という有難くないレッテルを貼られることもたびたび。しかし人間に対してはまったく危害を加えないばかりか、ゴキブリに対する強力な天敵でもあるので、共存すべき有益な生きものと言えるでしょう。

町なかで拾えるナッツ

町なかの自然には生きものたちばかりではなく、人間にとっての「食欲の秋」を満足させてくれるものがあります。最近では庭木として植えられながら、ほとんど収穫されずに放置されている果樹のカキやザクロなどが目につく他、街路樹や公園に植えられた木のなかにも、食べられる実がなる種類が多いのは意外なほど。

最もよく知られているのはなんといってもイチョウの実・ギンナン。人によって好き嫌いはあるものの、まだ新鮮なものを煎って食べると、店に並んでいることの多い水分が抜けてしまったものとは雲泥の差です。イチョウの木にはオスとメスがあり、ギンナンがなるのは当然メスの木ですが、場所によっては全く実がならないのは、オスの木ばかりが植えられているのかもしれません。

もっとも、公園や道ばたでたくさん拾うのは簡単でも、それを食べられるようにするまではかなりの手間がかかります。種のまわりを包んでいる柔らかい果肉が猛烈に臭く、集合住宅などでは、自宅へ持ち帰っただけで近所から苦情が来そうなほど。さらにこの果肉には皮膚につくとかぶれる成分が含まれていることも、拾おうと思うハードルを高くしていることでしょう。

それでも魅力に抗しきれない場合は、拾った現場でなるべく果肉を落としてしまうことが肝腎です。靴で踏んだりすると玄関まで臭くなるので、レジ袋などの中で使い捨てのビニール手袋をはめて種だけ取り出したら、袋に二重にくるんで持ち帰り、果肉は生ゴミとして回収してもらいます。そのまま持ち帰って水につけ、果肉を腐らせてから洗い流すという昔ながらの方法は、広い庭付きの家にでも住んでいない限りお勧めしません。

タネから落ちきれない果肉は、手袋をはめた手でこすって水で洗い流し、日なたでよく干したらようやく調理できるようになります。フライパンなどでギンナンを煎る時は、金槌やペンチなどで殻に割れ目を入れておかないと、中の空気が膨張して爆発したようにはじけるので危険です。ラップによく包んで電子レンジで加熱という荒技もありますが、中身がはじ

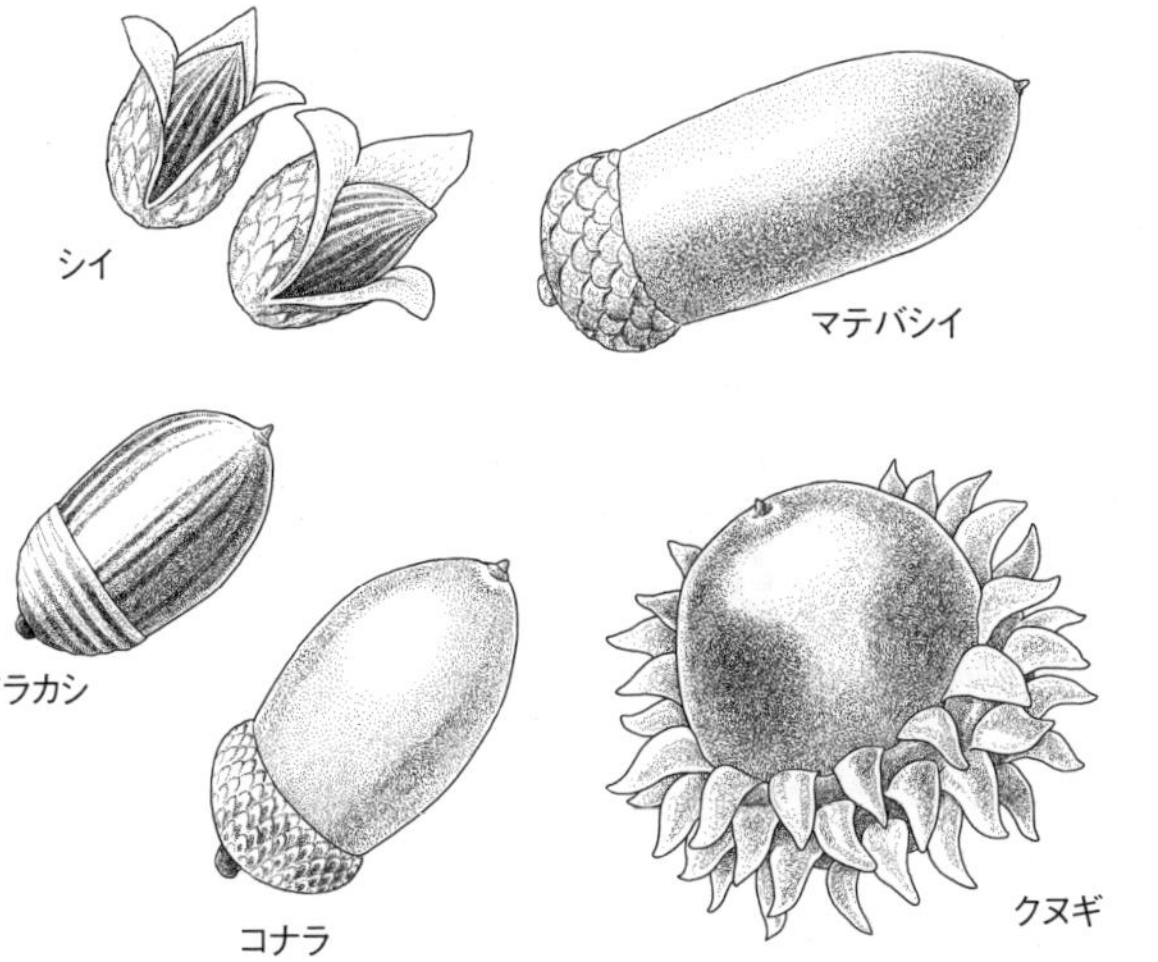

けてしまうので見た目はよくありません

公園や神社に大木が多いシイもまた、昔からよく利用されてきた実です。樹上ではカプセルのような「殻斗《かくと》」に入っていて、スレンダーで角張ったドングリといった形。その美味しさはナッツとしても通用するので、わざわざ拾いに行く価値は充分あります。殻を割れば生のままでも食べられますが、フライパンなどでよく煎ると香ばしさが増し、お酒によく合うおつまみにもなります。

名前が似ているマテバシイは実がずっと大きく、鱗状の帽子のような殻斗をもつ点など、外見の特徴はドングリそのもの。シイと同じように煎って食べることはできるものの、やや渋みがあって味がだいぶ落ちることから「待てばシイ」の名がついたとする説があります。そのまま食べるよりも砕いてクッキーなどに混ぜ、野趣を楽しむ方が良いでしょう。

一方、拾えるドングリの多くを占める、アラカシやシラカシといったカシの仲間、クヌギ、コナラなどは、マテバシイよりもずっと渋みが強く、そのままではとても食べられたものではありません。それでもでんぷんが多く含まれていて、季節になれば大量に手に入るので、縄文の昔から渋みをあく抜きしたものがよく利用されてきました。これにはかなりの手間がかかりますが、朝鮮半島や四国・九州の一部では、現在でもドングリの粉を原料にした料理が食べられています。

ちなみに「ドングリを食べると耳が聞こえなくなる」などといわれますが、これは全くの迷信に過ぎません。

ドングリを食べてみよう

四国や九州で「カシドーフ」、朝鮮半島では「ムック」と呼ばれる、葛餅のような料理にチャレンジしてみましょう。

拾って煎ってかじってみる程度の瞬間芸的な体験ではなく、食卓に出せる料理としてしっかりと調理することで、人々が自然を利用するのにどのような知恵を使い、それを一つの文化として高めていったかが実感できるに違いありません。

ドングリ料理のポイントは、ひとえに渋みを取り除くためのあく抜きにあります。渋みの成分は水に溶けやすいので、出来るだけドングリを細かく砕いて水に晒すことで、取り除くことができるわけです。

材料には公園などに植えられることの多いマテバシイの実が、大量に手に入りやすいうえに渋みも少ないので向いていますが、もちろん他のドングリでも作ることができます。

用意するもの

ドングリ…1リットルぐらい・ペンチ・ミキサー・すり鉢かフードプロセッサー・大きめのボールか洗面器・ざる・ナベ・しゃもじ・バット

① ドングリにはゾウムシなどの幼虫が入っていることもあるので、拾ったものを水に入れて沈んだものだけを使います。よく乾燥させてからペンチなどで殻を割り、渋皮を取り除いたら調理開始。

② ミキサーに剥いたドングリを半分ほど入れ、ひたひたになるくらいの水を加えて、泥のような状態になるまで回します。回りにくいようなら水を足します。

③ 泥状になったドングリをざるで濾しながら、ボールに張った水の中に溶かします。濾しきれなかった粒などは、すり鉢やフードプロセッサーで細かくして溶かします。しばらく置くとでんぷんが底に沈むので上澄みを捨てて水を替え、これを2〜3回繰り返します。カシ

1　乾かしたドングリの殻をペンチで割り、渋皮を除く

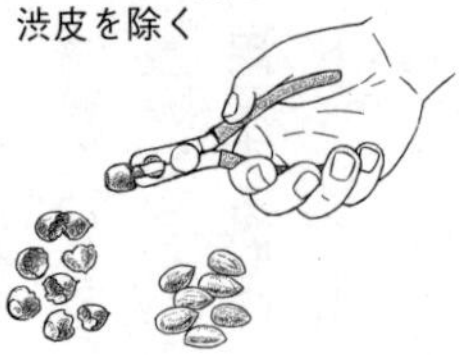

2　水を加えてミキサーにかけ、ドロドロにする

3　ざるで濾して2〜3回水にさらし、あくをとる

4　水を加えて火にかけ、のり状になるまでかき混ぜる

5　バットなどに開けて冷まし、固まったら切り分ける

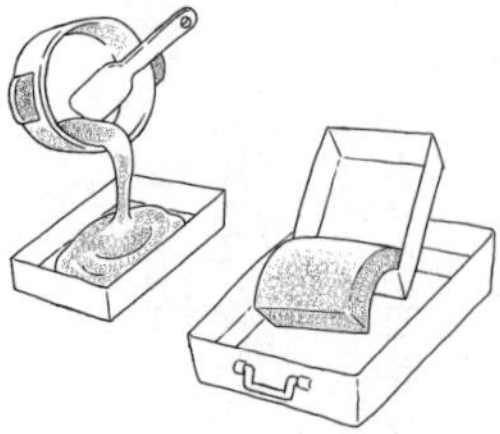

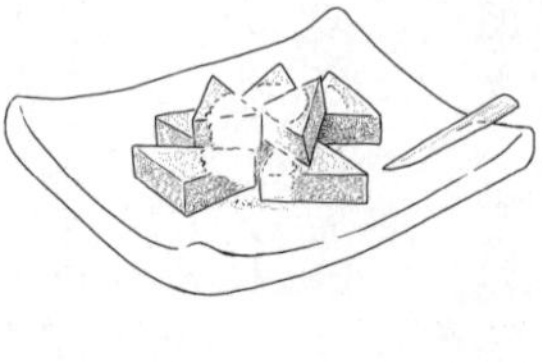

6　カシドーフなら酢味噌、ムックなら韓国風味のたれをかける

やコナラなどの渋みが強いドングリは黒っぽいあくが出るので、水の色がうすくなるまで何度も水を替えます。
④ でんぷんをナベにあけ、倍くらいの水を加えて火にかけます。よくかき混ぜているとだんだん粘りが出てくるので、焦げつかないように気をつけます。
⑤ 透明感のあるのり状になったら、平らなバットなどに開け、そのまま冷まします。固まったら水の中にあけて、適当な大きさに切り分けます。
⑥ 水を切って一口大に切り、ユズやニンニク風味の酢味噌をつければカシドーフ、醤油、ごま油、ニンニク、ネギ、唐辛子で作ったタレをかければムックになります。
⑦ ⑤で出来たでんぷんを布巾やキッチンペーパーにあけ、よく乾燥させて粉状にしたものを、クッキーなどの生地に混ぜて焼くこともできます。

現在では、公園や街路樹から落ちた木の実は、拾わなければ片づけられて堆肥になるなら良い方で、燃えるゴミとして処理されてしまうことも少なくありません。こうした木の実の利用は、よけいなエネルギーの使用を節約し、人間も生態系の食物連鎖とつながっていることを教えてくれるでしょう。

町のなかの危険な生きもの

町の最強昆虫・キイロスズメバチ

秋になるとマスコミによく登場するのは、生きものと人間のあいだに引き起こされる事件です。遠足の生徒がスズメバチに集団で襲われたり、人里に現れたクマやイノシシが農作物を荒らしたり、毒のあるキノコや木の実を食べて中毒を起こしたりと内容はさまざまですが、いずれも冬越しを前にして活動が盛んになったり、実りの季節を迎えた生きものたちと人間が接触する機会が増えるためでしょう。

ヒグマが出没する札幌やイノシシが闊歩する神戸などの一部の地域を除き、さすがに町のなかでは獣による被害までは起こりませんが、日本で最も危険といわれる生きものが、ごく身近にもすんでいることは知っておいて損はありません。

その生きものとはスズメバチ。彼らに刺されると人によっては激しいアレルギー症状を引き起こし、これによる年間の死者は数十人にのぼるともいわれています。これは北海道のヒグマや琉球列島のハブによる被害者を、遥かに上回る数です。

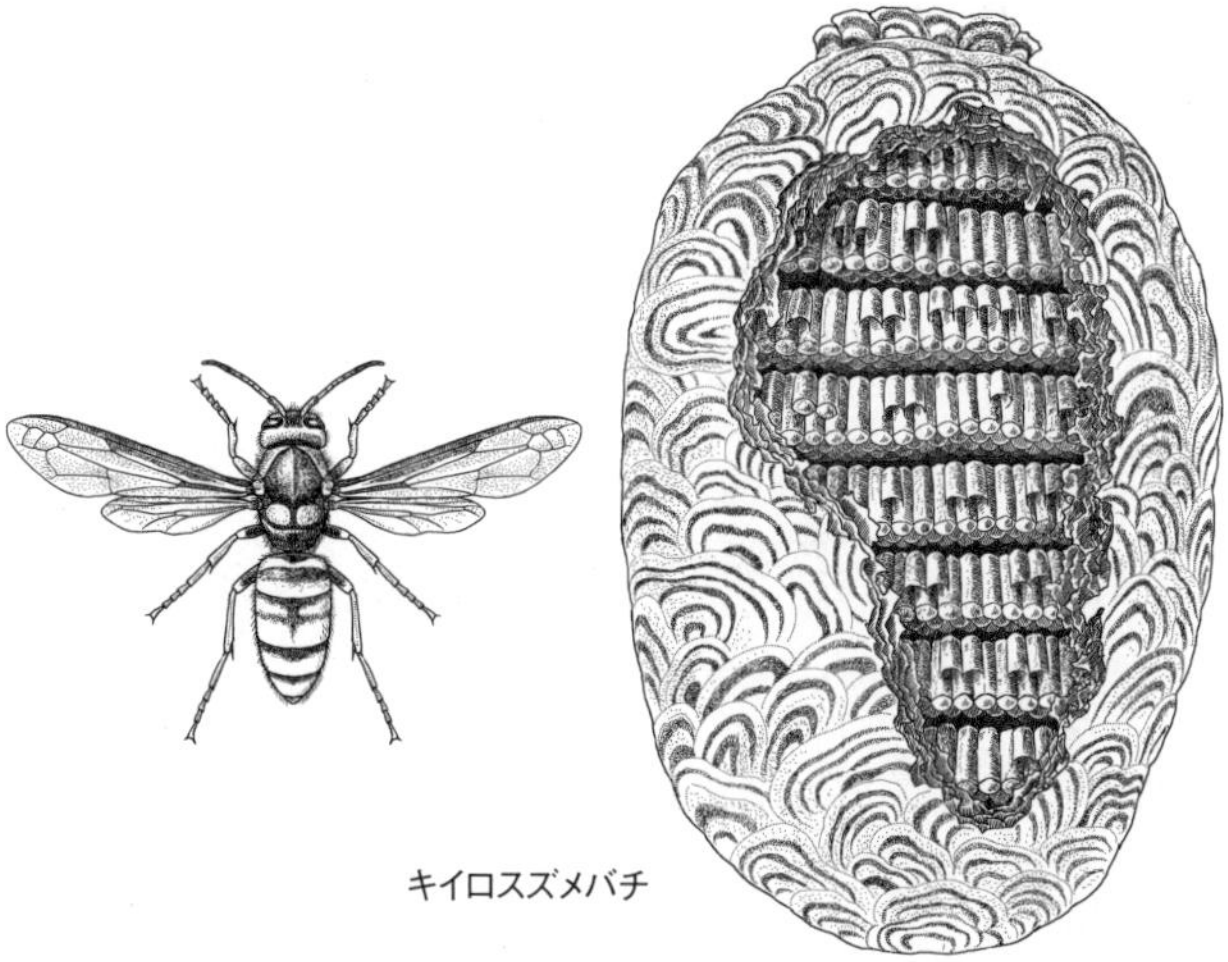

キイロスズメバチ

なかでもキイロスズメバチは、町のなかでもくらすことができ、人間に接触する機会が飛び抜けて多い種類。家の軒先などにボールのような巣をつくられて、自治体や業者に駆除してもらう例が、テレビでもくり返し紹介されています。とくに秋が深まるにつれて、エサが少なくなるせいか気が荒くなり、刺される被害も増えるようです。

アシナガバチの項（P95）でも紹介したように、キイロスズメバチはイモムシなどの昆虫を大きなアゴで噛み砕いて肉団子にし、巣にいる幼虫のエサにする肉食昆虫。大きな巣には1000匹ものハチがいるので、エサが少ないはずの都市にすみつけるのは不思議に思えますが、これは人間の活動に合わせて生活スタイルを変えたからです。

たとえば、緑が豊かな環境ではクヌギやコナラといった雑木林の木から出る樹液をエサにしていた成虫は、町なかでは自動販売機が普及したおかげで、糖分が豊かな清涼飲料などの飲み残しを簡単に口にできるようになりました。幼虫に与える昆虫などの獲物が減った替わりに、街角に置かれたゴミ袋に鋭いアゴで穴をあければ、魚や肉などの生ゴミはいくらでも利用できます。

さらに町には、キイロスズメバチの巣を襲って成虫を噛み殺し、幼虫を根こそぎエサとして奪ってしまう最大の天敵・オオスズメバチがすんでいません。大型の彼らは、緑が少なく生きたエサが乏しい環境ではくらすことができないのです。また、木のうろやガケの岩陰などに巣をつくるキイロスズメバチにとって、人家の軒先や屋根裏は絶好のすみか。

これだけ好条件が整った環境なら、そこで生活しない方が不思議と言えるでしょう。彼らも多くの生きものと同様に、人間によって豊かさが失われた都市の環境のなかから、自然のなかにいた時と同じように利用できる条件をけなげにも見つけ出し、なんとかくらしているわけです。

とは言うものの、キイロスズメバチとの共存にはかなり気を使う必要があります。刺される被害を防ぐには、とにかく近づかないこと。彼らは花に集まることは少なく、町のなかでよく出会うのは緑の豊かな公園などです。

巣が近くにあるような場合は、接近する者のまわりを飛びまわって「カチカチ」という警戒音を立てるので、騒いだりせずに急いで身をかがめてその場から立ち去ります。手で振り払ったりするのはハチを興奮させ、近くに仲間がいれば攻撃フェロモンで呼びよせることもあるので、まさに自殺行為。また、彼らは黒い髪の毛や服、整髪料の匂いにも強く反応するので、出会いそうな場所に行く時はこうしたものは身につけず、明るい色の帽子やスカーフをかぶるのも被害の予防につながるでしょう。

飲みかけの清涼飲料の缶の中にスズメバチが入っていて、再び飲もうとしたら唇を刺されたという例は、先にあげた習性を考えれば意外ではありません。口の奥を刺されて腫れ上がれば、喉をふさがれ窒息の危険もあるので注意が必要です。

万が一刺されてしまった場合は決して甘く見ず、適当に処置をして済まそうとしないこと。「おしっこをかけておけばよい」という言い伝えが迷信なのはもちろん、アンモニアも全く効果はありません。刺された場所を強くつまんで毒を絞り出しながら、水やお茶でよく洗い流すのは有効ですが、応急処置をした後は、なるべく早く病院で診察を受けることをお勧めします。とくにめまいや吐き気がしたり、発疹が出るようなら一刻を争うので、救急車を呼んでも大げさとは言えないでしょう。こうした注意や対処法はスズメバチだけでなく、ミツバチなどの他のハチについても共通です。

もっとも、ハチといっても刺さない種類が多いので、無闇に恐れることも過剰反応。ましてやアブとハチの区別もつかずに、黄色い横縞があって「ブーン」という羽音を立てる昆虫を端から怖がっているようでは、擬態した昆虫にうまうまとだまされる鳥やカエル並みの反応と笑われても仕方ありません。危険な相手をよく知るためにも、自然観察は有効な手段なのです。

痛いケムシとかゆいケムシ

「若葉の梢からぶら下がってきたケムシに悲鳴を上げる女の子」という古典的なマンガのパターンがあるせいか、ケムシは春のものというイメージが強いようですが、秋もまた彼らにとっての第2のハイシーズン。サナギになって冬を過ごす種類が多いので、エサの葉が枯れる前にできるだけ成長しておきたい追い込みの時期と言えるでしょう。

この季節にケムシに刺される被害がとくに集中するわけではないものの、出会う数や種類が多ければ、毒のあるケムシと接触する確率も高くなるのは当然です。

なかでもイラムシと呼ばれるイラガの仲間の幼虫は、秋になるとよく目につく毒のあるケムシの代表。日本からはイラガの他にも、ナシイラガ、ヒロヘリアオイラガなど35種類が知られており、その多くが黄色、黄緑、水色、赤、赤紫などのカラフルな模様をもった寸詰ま

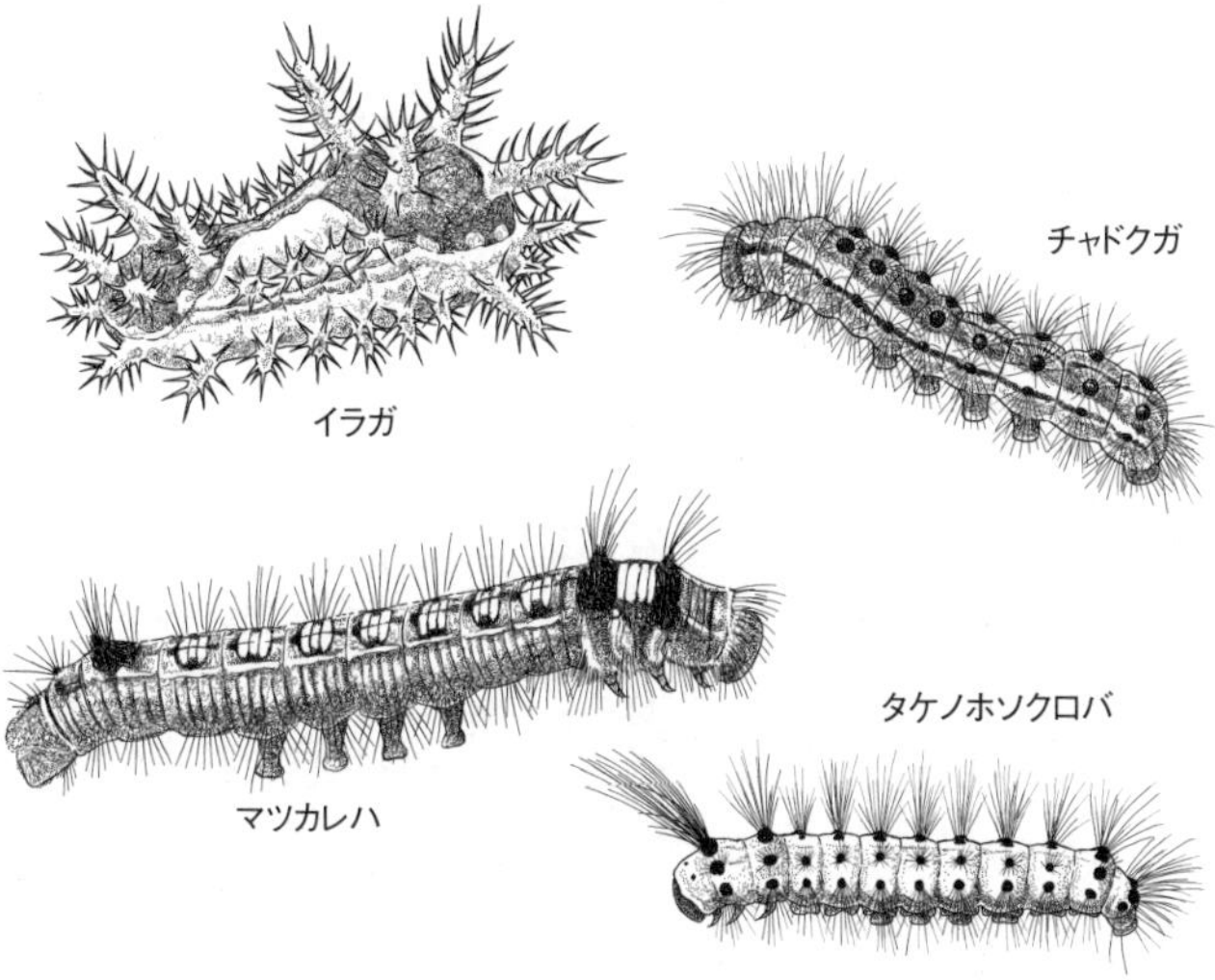

りの体に、鋭いトゲを一面に生やしています。

イラガの幼虫に刺された時の特徴は、突発的で鋭く激しい痛みです。これはトゲの先端から出る毒液によるもので、まるで電気ショックにしびれたような感じがします。ただし、この痛みは数時間ほどで治まり、何日も続くことはありません。

イラガの仲間には、カキ、クリ、ナシといった果樹の葉を食べる種類が多く、秋に刺される被害が増えるのも、これらの実を収穫しようと木に近づくことが多いからでしょう。時には木に登っている時に刺されて痛みに驚いたあまり、思わず足を踏み外し落ちてケガをしたという話もあるほど。

こんなイラガの幼虫も、刺されないように気をつけて観察してみると、種類によって形や色がバラエティに富んでいるのに気づきます。なかにはケムシらしからぬ姿をしているものも多く、最近になって増えてきたイモムシ・ケムシのファンの間では人気が急上昇。写真を撮ってコレクションしている人もいるほどです。彼らの姿や習性をよく知っていれば、無闇に恐れる必要がないことも分かり、刺されることもめったにないでしょう。

ただし、ケムシによる被害のパターンはこれだけではありません。アメリカシロヒトリの項でも紹介したチャドクガをはじめとする、毒針毛によって皮膚が炎症を起こし、何週間もかゆみが長引く種類がいます。毒針毛は細かいため、葉についていたり風に飛ばされたものでも被害を生じることがあるので厄介です。町なかでもよく見られる種類は、ドクガの仲間ではチャドクガの他にドクガやモンシロドクガ、カレハガの仲間ではマツカレハやタケカレハなどがあげられます。

さらに第3のパターンとして、イラガ系とドクガ系の両方の特性を併せ持ったマダラガの仲間のケムシがいます。これは毒針毛からも毒液が注入されて激しい痛みを感じるうえに、炎症やかゆみも長く続くという有難くない症状を招き、身近なものでは竹の葉をぼろぼろにかじってしまうタケノホソクロバや、ウメにつくコシダカケムシとして知られるウメスカシクロバなどが知られています。

同じドクガやカレハガの仲間でも、外見はすごい毛を生やしながら全く無毒のものもいるので、被害を防ぐには危険な種類を覚えてしまうのが手っ取り早いでしょう。最近では「みんなで作る日本産蛾類図鑑」のような専用Ｗｅｂサイトもあるので、そこから右にあげたケムシの画像を携帯電話などに保存しておくと、野外でもチェックできます。

ケムシに刺された時の処置は、間違った方法ではかえって被害をひどくしますが、正しく行なえばその後の経過もよく、回復も早い場合が少なくありません。

①　まず刺されたと感じたら、決して患部をこすらないこと。かえって細かい毒針毛をすり込んだり、その手で他の部分にさわって被害を広げかねません。

②　ばんそうこうか粘着テープをそっと当てて毒毛をとります。当たり前ですがテープの同じ個所を何度も使わないように。

③　こすらないようにしながら流水でよく洗い流します。可能なら石けんをよく泡立てて、刺された部分を包むようにしてから流します。

④　抗ヒスタミン剤含有のステロイド軟膏を塗ります。この薬は先にあげたスズメバチを含む他の虫刺れや、ウルシなどの植物によるかぶれにも効くので、野外活動の必需品と言えるでしょう。副作用については、他の症状でステロイド軟膏による治療を受けていなければ、短期間に使う限りは心配いりません。「塗った部分を日光に当ててはいけない」というのは、単なる風評です。

⑤ 症状がひどい時は皮膚科、目に入った時は失明することもあるので、よく洗い流して眼科の診療を受けて下さい。

ケムシの被害もハチ同様に少し注意すれば防げるものです。たとえば庭で園芸作業をしたり公園に出かける時には、長ソデシャツと長ズボンを着用するだけでも、大きな予防効果があるでしょう。

きれいな実には毒がある？

秋になると毒のあるキノコや木の実で中毒した事故の報道が増えるようです。食欲の秋に野外で採った食材で食卓をにぎわすのは、いかにも季節を感じさせてくれますが、名前も定かでないものを口に入れるような蛮勇は、別の機会にとっておく方が賢明でしょう。

有毒な植物は身近にも意外なほど多いものです。そもそも植物は昆虫などからの食害を防ぐために、体のなかで毒を作り出すように進化してきました。もちろん昆虫の側もそれを乗り越えるように競争して進化し、結果として多くの昆虫ではモンシロチョウとアブラナ科の植物のように、食べることのできる種類が限られるようになっています。なかには前述のジャコウアゲハ（P89）やホソオチョウ（P90）など、食草のもつ有毒成分を体に取り込み、身を守っているものも少なくありません。

ちなみに、マスタードやワサビといったアブラナ科の香辛料も、植物の作り出した有毒成分の刺激を楽しむもので、この成分の致死量はニコチンとあまり変わらないとか。そのニコチンを多く含むタバコはナス科に属し、トマトやナスをはじめ多くの野菜がこの仲間に含まれるのはご存じの通りです。

このように、ほとんどの植物は程度の差こそあれ有毒で、人間や生きものの種による感受性の違いにより、害があったり無かったりするだけとも言えるでしょう。

秋に実る食べられる木の実には、見た目も美しいものが目につきます。河原の土手などに生えるクコ、背の低いヤブとなって茂るノイバラ、林の縁で見かけるガマズミ、北国の街路樹によく使われるナナカマドなどの実は、赤い色も鮮やかでよく見かける種類です。もっとも、最近の甘い果物に慣れてしまった現代人の舌には酸味や渋みが強すぎるのか、果実酒などに利用されることが多いようですが、身近な自然を楽しめるため人気があります。

しかし同じような赤い実のなかには、危険な毒をもつものが少なくないので要注意。たとえば河川敷や荒れ地に生えるドクウツギは、実が甘いにもかかわらず日本三大毒草の一つといわれ、食べるとけいれんや呼吸困難を引き起こし、多くの死亡例があるほどです。庭木としても植えられ、二つ並んだ姿が可愛いヒョウタンボクの実にも、吐き気やけいれんを起こす成分が含まれています。美しく紅葉し生け垣などに使われることが多いニシキギの実は、

クコ

ノイバラ

ガマズミ

ドクウツギ

ヒョウタンボク

シキミ

吐き気や下痢、腹痛などの原因となります。

色鮮やかでない実でも安心はできません。西日本で仏事などに使うため寺院に植えられることのあるシキミの実は強い毒をもち、嘔吐、下痢、けいれんなどを起こし、ひどい時には死亡することから、植物のなかで唯一劇物に指定されています。この実は先に紹介したシイの実（P143）と間違えられることがあり、実際に関西では自然教室の参加者による集団中毒事故も起きました。

木の実以外でも、有毒な植物はすぐ身近にあります。なかでも意外なほど知られていないのがキョウチクトウ。夏にはピンクや白の色鮮やかな花をつけ、大気汚染にも強いので公園や街路樹にもよく使われますが、葉や茎などに死亡例があるほどの強い毒をもっています。わざわざ食べることは無いかもしれませんが、枝を折って作った箸を使うのも危険な行為なので注意が必要でしょう。

スズメガの仲間のキョウチクトウスズメの幼虫が、こんな毒の強い植物を選んで食べているのは、やはりそれによって身を守るため。成虫は緑と紫の配色が鮮やかな南方系の種類で、日本では沖縄にしか分布していませんが、しばしば本土まで飛来して街路樹などで大発生することがあります。濃紺で縁どられた青白い目玉模様をもつ黄緑色のイモムシは、宇宙人に例える人がいるほどインパクトのある姿です。

花壇に咲く花のなかで有名な毒草は、可憐な花をつけるスズラン。その成分は頭痛やめまい、視覚障害、時には呼吸停止を引き起こし、花が挿してあったコップの水を飲んで中毒した例もあるほど強力です。

その他、神経麻痺を引き起こすアセビ、運動神経と呼吸を麻痺させるエニシダ、心停止に至ることもあるジギタリス、呼吸困難を起こすシャクナゲ、花の蜜を吸ってもけいれんや呼吸麻痺の危険があるレンゲツツジなど、庭や公園でよく見かける園芸植物にも潜む危険は数え切れません。これだけ有毒植物を並べられると、すぐにも端から引き抜いたり役所に抗議したくなるかもしれませんが、私たちの祖先はその危険性を充分認識し、知識を代々伝えながら花の美しさを愛でてきたのでしょう。

翻って最近の自然ブームを見ると、こうした知識を踏まえたものというよりは「自然＝良いもの」というイメージばかりが先行しているように感じます。右にあげたシャクナゲやスズランをお茶にしていた例などは、それを象徴しているのではないでしょうか。

手作りの薬草茶も最近ブームのようですが、花粉症の緩和を目的にしたスギ茶のアレルギーでショック症状を起こした例もあり、民間薬として使われるスギナ茶も飲み過ぎれば血尿を引き起こしかねません。素人が無闇に作って飲用するのは考えものです。

昔の学習マンガに、縄文人がフグを食べられるようになるまでに、どれだけの犠牲が出たかを描いたものがありましたが、知識を積み上げてきたはずのわれわれ現代人が、わざわざその真似をすることはないでしょう。

冬は自然観察入門に最適

見つけやすい「単身赴任」の鳥

木々がすっかり葉を落とし、草は枯れて花も見かけなってしまう冬には、自然観察もお休みと考える人が多いでしょう。たしかに、寒いなかを野外まで出かけるのはおっくうで、わざわざ見に行くだけの価値があるのか疑ってしまうことは想像できます。

しかし、冬ならではの自然には、見逃してしまうには惜しいものが少なくありません。なかには他の季節よりも、遥かに楽に観察できるものさえいるほど。この季節に見られたものや経験をきっかけに、さらに観察を深めていくことも可能です。

たとえばバードウォッチングは、望遠鏡（スポットスコープ）や望遠レンズといった装備を揃え、図鑑と首っ引きで多くの種類を見分けなければならないようなイメージからか、敷居が高そうに見えますが、この時期に公園などの池に集まるカモを見に行くだけなら、高価な装備も部厚い図鑑もいりません。

町なかでよく見られるカモは、カルガモ、オナガガモ、キンクロハジロなど7〜8種類程

度。メスはどれも似ていますが、オスには種類ごとに特徴があるので、すぐに見分けられるようになります。また、人をあまり恐れずに多少は近寄っても逃げないので双眼鏡もいらない場合が多く、コンパクトデジタルカメラのズーム機能でも識別可能な写真を撮るのは難しくないでしょう。絵の得意な人ならあらかじめノートにカモの輪郭を描いておき、色鉛筆を持っていって塗り絵をしてみるのも面白いかもしれません。

これらのカモは、秋遅くになるとシベリアなどから渡ってきますが、このころのオスはまだメスと見分けにくい「エクリプス」という姿をしているので、観察には本格的に冬が到来してからの方がお勧め。時には見慣れないカモが見つかることもあり、カモ以外にも関心が向くようになれば、カイツブリやバンといった、同じ環境にいる他の鳥にも目を配れるようになるでしょう。町なかにいるカモは、バードウォッチングの面白さを手軽に味わうことができ、入門編となる格好の存在なのです。

こうしたカモたちは、生活の基盤を都会に置いておらず、限られた時期にだけ過ごしやすい場所を見つけてくらす、いわば「単身赴任」の鳥。れっきとした野鳥のくせに警戒心がうすいのは、繁殖や子育てのための巣作りの場やエサを、躍起になって確保する必要がないためでしょう。なかには人が与えるエサに引かれて集まってくるものも少なくないようですが、東京都の公園ではこのために水質が著しく悪化したり、慣れ過ぎたカモが野良ネコに襲われたりしたせいで、エサやり自粛が呼びかけられるようになってしまいました。相手はあくまで野生動物なので、ある程度の距離は保ちたいものです。

冬に見られる単身赴任の鳥には、カモ以外にも注目に値するものが少なくありません。ベテランのバードウォッチャーにもファンが多いワシやタカの仲間には、池に集まるカモや駅や神社にいるドバトなどを狙って、冬の間だけ都会にやってくるオオタカやハヤブサなどが知られています。とくにハヤブサは新宿の高層ビルにすみついているといわれ、大阪ではビルでの繁殖記録もあるほど。

もっとも、オオタカが公園などにすみつくと、園内の小鳥や池にいたカモたちは、怖がってどこかへ逃げてしまうことがあるようですが。

カモを見る面白さを知って、双眼鏡ぐらいあってもいいかなと思えるようになったら、冬の間にもう少し小さくすばしこい鳥も観察してみましょう。木の葉が落ちているうちなら見通しもよく、庭や公園にも意外なほど多くの鳥がやって来ているのに気がつきます。

黒い頭とネクタイをしたような姿のシジュウカラは、この時期には10羽程度の群れを作っており、このなかには黄緑色が鮮やかなメジロなどが混ざっています。春先に咲くツバキの花の近くで待っていると、メジロやヒヨドリなどが蜜を吸いにくるところが見られるかもしれません。枯れた枝が目立つような大きな木には、先に紹介したコゲラ（Ｐ42）が、木の中に潜むエサをつつきにやって来ます。

こうした身近な鳥をきっかけに、装備や図鑑を揃えたり探鳥会に参加したりして、本格的にバードウォッチングを始めてもよいし、深入りせずにつまみ食いをするだけでも十分に楽しむことができるでしょう。

冬の昆虫は怖くない？

この本で紹介している町なかの生きものは、昆虫が多くを占めていますが、自然観察を趣味にしている人のなかには、「虫は小さいうえに動きが速いので観察しにくい」「種類が多過ぎて見分けるのがたいへん」という理由で苦手意識をもっている人が少なくないようです。また、虫が嫌いな人からは「動きが気持ち悪い」「飛びついてきそうで不安」という声もよく聞かれます。

そんな人たちにとって、冬は昆虫観察の入門に最適の季節。ほとんどの昆虫は冬越しに入っているため、暖かい時期のように道ばたや草むらから次々と顔を現すことはなく、「こんな虫を見つけたい」という目的意識をもって、それに合った環境を探さないと出会うことができません。観察の主導権はあくまでもこちらにあります。

また、多くの昆虫は、卵やサナギはもちろん、幼虫や成虫でもじっとしている状態で、日向に出したり掌に乗せて暖めでもしない限り、動き出すことはありません。予測できない反応にドキドキする心配もいらないわけです。

こうして落ち着いて観察してみると、昆虫にも意外な面白さがあることに気づくのではないでしょうか。彼らは地球上の生きものの7割以上を占めるといわれている最大のグループ。自然について理解するのに避けて通れない存在ですから、食わず嫌いでいるのはもったいない話です。

もちろん昆虫に興味がある人にとっても、冬越ししている彼らの姿は興味深いもの。この時期がもっとも見つけやすい種類も多く、恐ろしいスズメバチを間近で観察できるなど、冬以外には考えられません。

昆虫がどんな姿でどんなところで冬を越しているかは種類によってさまざまですが、その戦略はいかにして乾燥を乗り越えるかにつきます。恒温動物であるために寒さに耐えるのがたいへんな人間に比べ、昆虫の耐寒性は意外に強く、なかには体液が凍っても平気なものさえいるほど。昆虫は変温動物なので暖かくなれば動くことができますが、エサもない時期ではかえって体力を消耗しかねません。日中に日向になるような、なまじ温度の変化がある場所の方が、冬越しには都合が悪いと言えるでしょう。

そんなわけで昆虫たちの冬越しする場所は、土の中、木の皮の下、朽ちた木の中、落ち葉の下、水の中といった、温度変化が少なく湿気のある場所が多くを占めています。外気に直接触れるような場所にいるものも、枯れた草むらの根元、木の幹や建物の北側といった場所で冬を越すものが多いようです。

冬越しのスタイルさまざまーその1

たとえば先に紹介した同じチョウでも、ツマグロヒョウモン（P28）は幼虫、アオスジアゲハ（P34）はサナギ、キタキチョウ（P24）は成虫と、種類によって冬越しのスタイルはさまざま。これはそれぞれが寒さに適応してきた進化の歴史によるもので、どれが一番有利

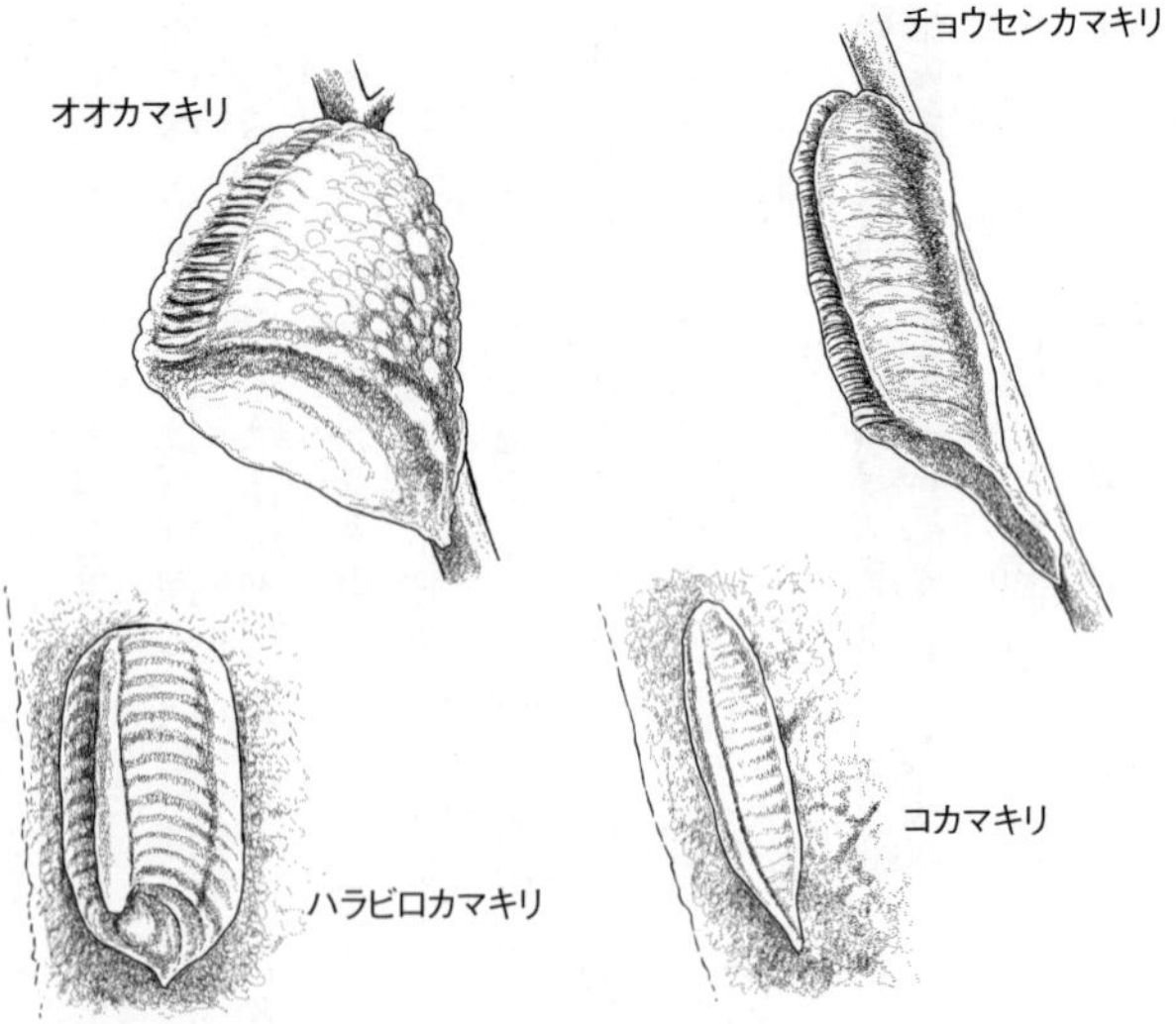

とは言いきれません。

卵やサナギは、固い殻や種類によってはマユにまで包まれているので乾燥には強く、とくにサナギで冬を越すチョウは、シロチョウやアゲハチョウの仲間の大部分を占めます。

こうしたサナギは、他の季節に幼虫を見つけたことのある食樹の幹や枝、その近くの建物の壁や塀、杭、石垣などの日陰の部分でよく見つかります。たいてい灰色がかった地味な色で背景にとけ込んでいるので、慣れないと見つけにくいかもしれません。

毒があることで知られるイラガ（P152）は、枝に1㎝ほどの白と黒の模様がある卵形の固いマユをつくり、サナギの前の段階のまま過ごしています。

サナギを持ち帰って、春にチョウやガが羽

化してくる様子を観察するのも面白いですが、暖かい室内に置いておくと冬の間に成虫になってしてしまい、訪れる花も交尾する相手もなく死んでしまいます。標本にするつもりがなければ、屋外の日陰か温度が低く安定した室内で保管すること。冷蔵庫は極端に乾燥しているので入れてはいけません。

昆虫の卵は大きさが数㎜程度のものが多く、クヌギカメムシのように数十個を一塊にして木の幹に産むもの以外は、野外ではなかなか見つけにくいでしょう。しかし先にも紹介した固いスポンジのようなカマキリの卵嚢《のう》は、身近でもよく目につきます。卵嚢の形は種類によって違い、そこにどんなカマキリがいたか知ることが可能です。

よく知られているのは、ススキやセイタカアワダチソウといった背の高い枯れ草の茎などでよく見つかる、丸いつりがね型のオオカマキリの卵嚢。長さ４㎝ほどと大きく、中に入っている卵を守っています。親同士はよく似ているチョウセンカマキリでは、卵嚢の形はまったく違い、細長く非常に固いのが特徴です。これによく似て小型のコカマキリは家の壁などに産むことが少なくありません。樹上性のハラビロカマキリの卵嚢は円筒形で、木の枝などに生む場合がほとんど。

冬は自然観察入門に最適

子どものころに外で遊んでいて見つけたカマキリの卵嚢を持ち帰り、引出しの中などにしまってそのまま忘れていたら、春になって小さな幼虫だらけになって慌てた経験はないでしょうか。卵嚢の中には200〜300もの卵が含まれていて、春になるといっせいに孵化します。幼虫には小さいながらも一人前に鎌があり、しぐさもたいへん可愛いものですが、エサにはショウジョウバエや若葉につくアブラムシ（アリマキ）といった生きた微小昆虫を与えなければならず、その確保は容易ではありません。

冬越しのスタイルさまざま―その2

幼虫で越冬するものは、アカボシゴマダラ（P91）の項で紹介したように、体が柔らかいこともあって乾燥には弱く、冬の間に半分近くが死んでしまうことすらあります。これを防ぐために植物の葉や枝を糸でつづって中に潜んでいるのがミノムシです。町のなかでよく見かけるものは、葉を5㎝ほどの紡錘形につづるオオミノガと、小型で細い枝をつづって筒状のみのを作るチャミノガ。このうちオオミノガは、地方によっては中国からの移入種である寄生バエにやられて、ほとんど見られなくなった場合も少なくありません。

ちなみに、昔の図鑑や学習雑誌などに、ミノムシの幼虫をみのから取り出し、細かく切ったさまざまな色の毛糸や色紙と一緒に箱に入れておくと、これをつづり合わせてきれいなみのを作るという記述がありました。しかし、みのを作るのは夏から秋にかけて活動している幼虫だけ。冬越ししている幼虫を使っても、うろうろ歩きまわったあげくにひからびて死ん

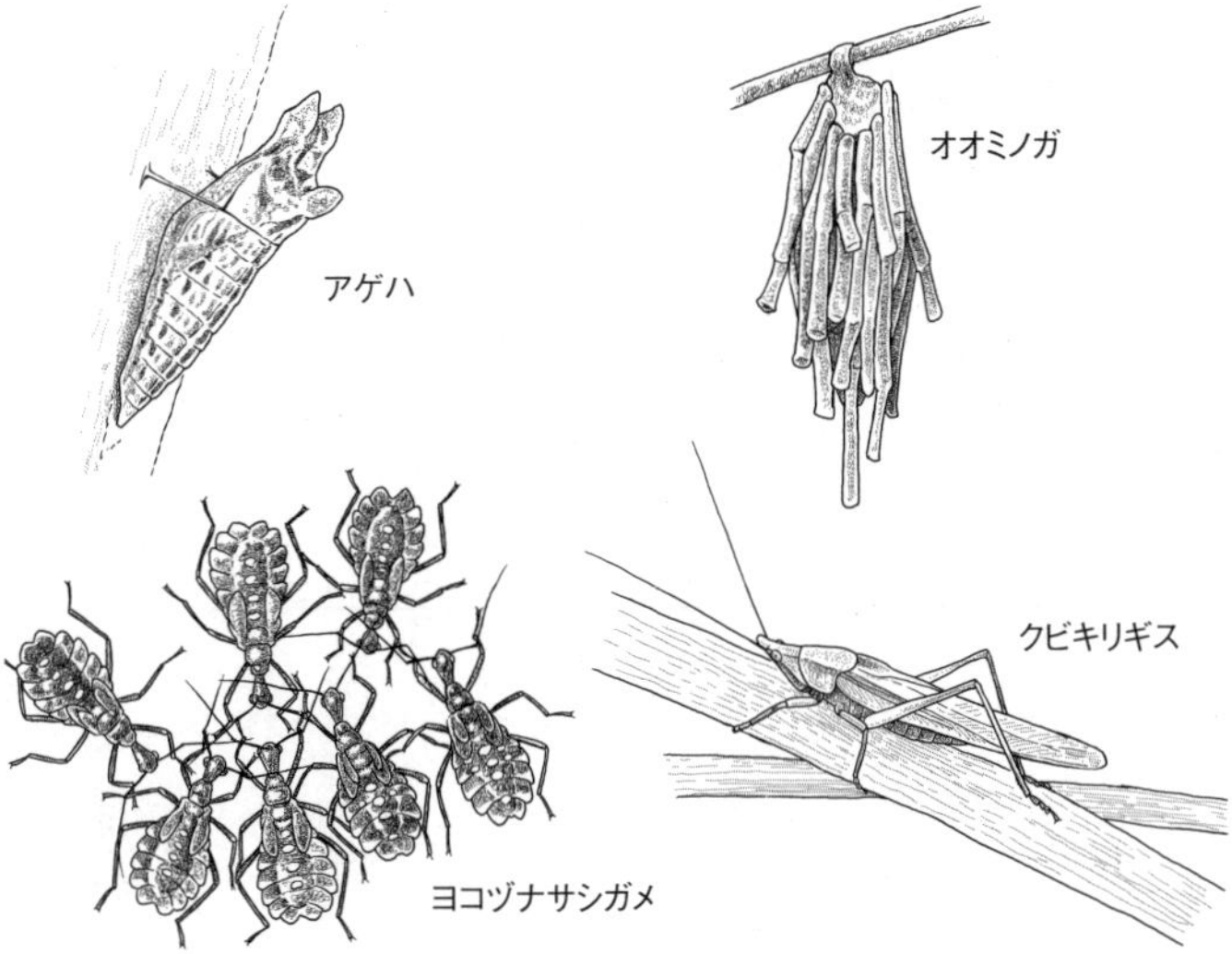

でしまうので注意しましょう。
　最近になって関東地方でよく目につくようになったのは、サクラの幹などで集団になって冬を越している1・5㎝ほどのヨコヅナサシガメの幼虫。白黒のダンダラ模様と赤い紋のある幅広く平たい腹に細長い頭と足をもち、もともとは中国からやって来た移入種です。ストローのような口を他の昆虫に突き刺し体液を吸うので、日本在来の昆虫に悪影響がないか心配されています。
　同じカメムシの仲間で、全身が粘液に包まれてコールタールを塗ったようなつやがあるヤニサシガメは、公園のマツの木にむしろを巻いた「わら巻き」の中に、獲物となるマツカレハの幼虫とともに潜んでいることが少なくありません。わら巻きは中に集まった「害虫」を駆除するために春先に燃やしてしまうので、一緒に「益虫」も死んでしまうことは以前から指摘されてきましたが、冬越しする昆虫を観察するには格好の存在です。

成虫で越冬する昆虫も意外に多く、公園の常緑樹の葉の裏などには、ムラサキシジミやウラギンシジミといったチョウが群れになってじっとしていることがあります。キタキチョウやキタテハが潜んでいるのは、枯れ草の茂みの根元など。春が近づいた暖かい日には活動している姿もしばしば見られます。

クビキリギスやツチイナゴといった大型のバッタの仲間は、ススキの根元などで越冬していることが多く、背中にハートのマークのあるので人気のある1㎝ほどのエサキモンキツノカメムシは、落ち葉の下などに潜んでいることが多いようです。

木の幹のはがれかけた皮の下やくぼみ、建物のすき間などでは、ナミテントウが集団で越冬します。いろいろな模様のものがいて別種のように見えますが、これらはみな同じナミテントウ。同じような場所にはカメムシの仲間も見られますが、時おり家の中にまで入ってきて、捕まえると臭い匂いを出すので嫌われるようです。

この他、地中、朽ちた木の中、積み上げられた落ち葉の下といった、いかにも居心地が良さそうな場所で冬を越す昆虫はたいへん多いのものの、探すのにはそれなりの道具や労力がいるので、ぶらっと出かける自然観察には荷が重すぎるでしょう。

テイクアウトできる冬の自然

冬はまた、生きものの採集に適したシーズンです、と言うと首を傾げる人も多いかもしれません。植物にしろ動物にしろ枯れたり姿を消してしまったりするものが多く、見られる種類は大幅に減ってしまうのは確かです。

そもそも、自然観察をしたいのであって採集には興味はないと言う人も少なくないでしょう。マスコミなどで報道される盗掘や乱獲をするマニアの姿から、採集を悪と感じている向きも多いかと思います。

しかし、実物から得られる情報は他と比べものになりません。どんなに詳しい図鑑や精密な画像でも、違った角度からの姿や質感までは分からないし、ルーペで拡大してみても単なる色のドットになってしまうだけです。さらに保存した標本をくり返して見ることで、採集した時の記憶も呼び起こされるし、新たな発見もあります。自分で採集した標本は、図鑑とは違ったパーソナルなデータベースと言えるでしょう。

種明かしをしてしまうと、自然を知るために採集したり標本を作るには、必ずしも命を奪う必要はありません。この時期が採集に向いているのは、生きものにダメージを与えない形で行なえるからです。

たとえば押し葉標本を作るために、街路樹や公園に生えている植物の枝を折ったり掘り採ったりしていたら、注意されて当然でしょう。さらに目で見て美しく保存に耐える標本を作るには、汚れを落として形を整え、湿気を採るためにこまめに紙を取り替える労力や、壊さないために細心の注意が必要です。

しかし落ち葉を採集するなら話は別。放っておけばゴミとして片づけられ燃やされてしまうだけで、好きなだけ拾っても誰にも文句は言われません。さらにすでに水分がかなり抜けているので、週刊誌や新聞紙などに挟んでときどき取り替えれば、一週間ほどでよく乾いた押し葉になってしまいます。

早い時期なら、まだ紅葉しているものも拾え、すぐに押し葉にすればかなり長い間きれいな色を保つことも可能です。なかには外見はよく似ていて見分けにくいのに、紅葉のシーズンなら葉の色がまったく違うので簡単に識別できるエノキとケヤキのような例もあり、保存しておけば自分なりの図鑑としても役立つでしょう。

保存にはA4ぐらいの画用紙にのりで貼って、薄手のクリアファイルにでも入れておくのが便利。フィルムでパウチすることができれば耐久性があるので、しおりやグリーティングカードとしても使えます。

また、先に紹介したドングリはもちろん、スズカケノキやマツボックリ、ヤマノイモ、ハ

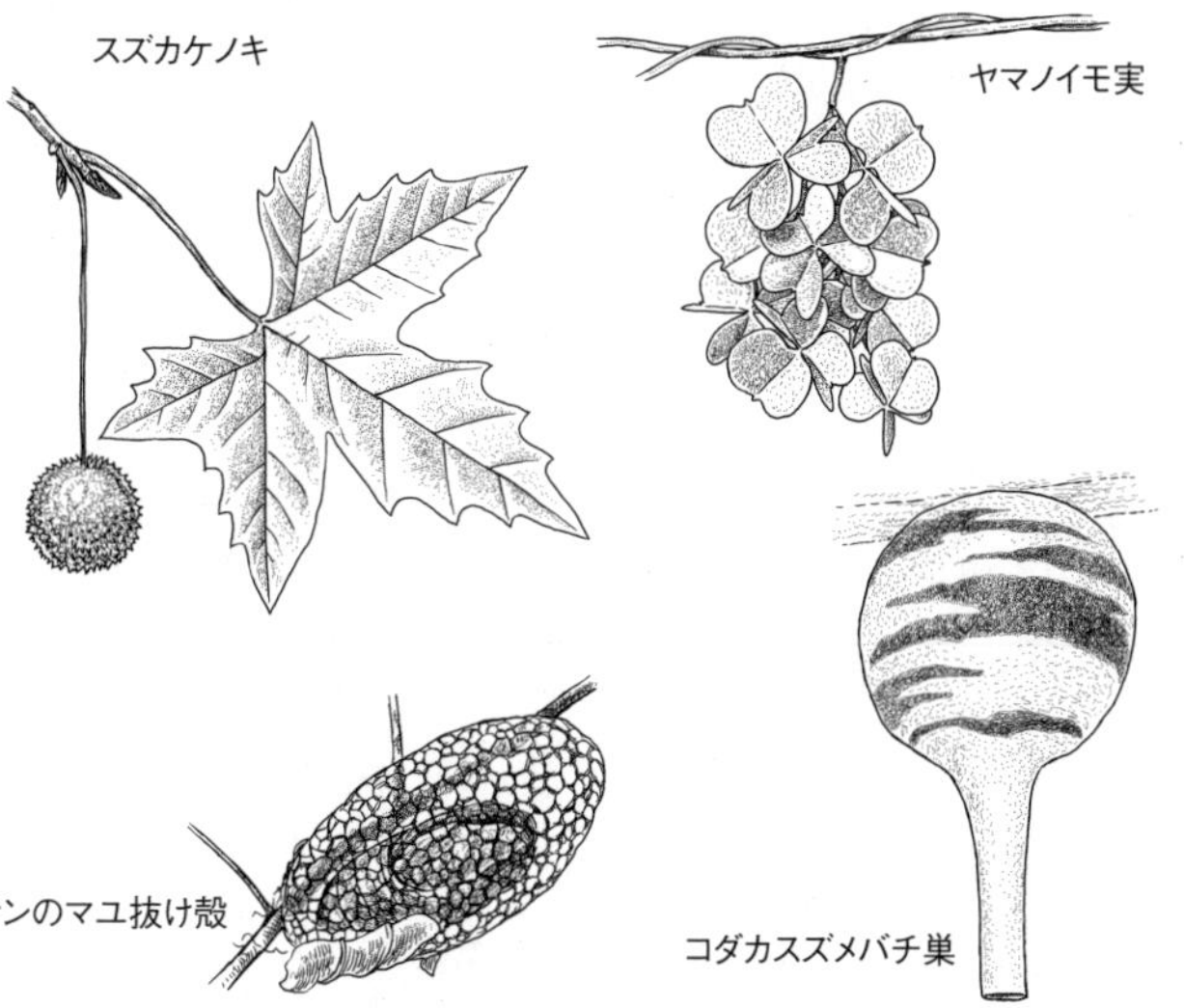

ンノキといった実にも、面白い形のものが少なくありません。よく乾かして密閉容器などに入れておけば保存も簡単で、クリスマスリースなどの材料としても使えます。

動物で採集の対象になるのは、もう使わなくなった巣や抜け殻、食べ跡など。なかでも軒先や枝に作られたアシナガバチの巣（P96）は、成虫がいる季節は落ち着いて観察などできませんが、この時期に目についたものを集めてみると、さまざまな特徴がそれこそ手にとるように分かるでしょう。

スズメバチの巣となると、民芸調の飲食店でよく見かけるような巨大なものは難しいですが、作りかけて放棄されたとっくりのようなコガタスズメバチのものなどは、意外によく見つかります。泥で作られたトックリバチの巣はまるで陶芸作品のようですが、羽化した後の穴が横に開いていない場合は、中に幼虫がいる可能性がある時期なので、そのままにしておいて下さい。

緑が豊かな環境なら、落葉樹の樹上から「すかしだわら」とも呼ばれるクスサンのマユや、クワの枝からカイコの原種であるクワゴのマユが見つかるかもしれません。これらはいずれも成虫が出た後なのでお持ち帰りができますが、春に羽化する予定のサナギが入っている種類も多いので、中が空になっているか確かめてからにしましょう。

採集したものの保管は、防虫剤と一緒に箱に入れて10日ほど乾燥させてから、チャック付きポリ袋などに入れて、密閉容器などにまとめておきます。拾った昆虫の翅や死骸なども、乾燥させて密閉保管という基本は同様。また、どんな標本も湿気と直射日光は大敵です。

季節は冬だけと限りませんが、野鳥の羽根は嬉しい拾い物の一つです。最近はオオタカやツミといった猛禽類が町なかでも増えているようで、彼らが他の鳥を襲って羽根をむしった跡を見つければ、一羽分の羽根がまとめて採集できます。ネコなどが襲った場合と違って、羽根の付け根が噛み砕かれたりせず、きれいなままなのが特徴。

汚れている場合は薄めた台所用洗剤で洗い、新聞紙の上に拡げて水気を切ってから、ドライヤーでよく乾かすときれいになります。整理する時は押し葉のように台紙に貼ってクリアファイルに入れておくとよいでしょう。

標本作りでもっとも気をつけたいのはラベリング。押し葉を貼り絵や絵手紙の素材に使うなどの場合は必要ありませんが、自然観察として行なうなら採集した日付と場所くらいはどこかに書き込んでおくと、採集した時の様子を思い出すこともできます。日付を見て「今年は紅葉が遅いな」とか「この年はハチの巣が多かった」など、年によっての変化にも気づけるでしょう。

冬は自然観察入門に最適

年中行事に見られる土地の自然

お正月から見える照葉樹林の文化

年末年始は忙しくて自然観察どころではないかもしれませんが、この時期に家のなかだからこそ気づく、さまざまな自然があります。と言うのも日本の伝統を改めて意識する正月の行事の多くは、それぞれの土地の自然に根ざしたものだからです。隅々まで均一の情報が行き渡ったせいか、地域による特色が無くなりつつ昨今でも、おせち料理などには意外なほど保守的な地方色が残っているのではないでしょうか。

たとえばお雑煮の場合、江戸時代から代々東京住まいの筆者の家では、鰹だしのお澄ましに小松菜と焼き餅、ちょっとおごっても鳥のささ身か蒲鉾のどちらかが入る程度のシンプルというか質素なものでした。ところが多摩川ひとつ隔てた神奈川県に先祖代々住んでいる知人宅では、菜っ葉や根菜、里芋などがたっぷり入った鰹だしのつゆに、焼いていない餅を入れて煮込んだものと聞いて、わずかな距離にもかかわらず違いがあまりに大きいので驚いたことがあります。さらに同じ東京でも、東部の江戸川河口周辺では、遠浅の海で豊富に釣れるマハゼを焼き干ししてお雑煮のだしをとっていたとのこと。

昔は流通も発達しておらず、現在のように世界じゅうから取り寄せた食材でおせちを作ることなど思いもよらなかったので、手に入れられるものを出来るだけ美味しく加工し、特別な料理を作ろうという心遣いによって生み出されたことが想像できます。伝統的な食材や料理を調べてみると、それを生んだかつての自然についても、時間を越えて知ることができるかもしれません。

こうした視点で見てみると、正月の行事に使われる植物などにも、その土地の自然が色濃く反映していることが分かるでしょう。一般的におめでたい植物とされているマツ、タケ、ウメについては中国文化からの影響が濃厚ですが、しめ縄や鏡餅の飾りなどに使われる植物には、かつて関東から西を広く覆っていた、照葉樹林（P32）を起源とする種類が多いことが知られています。

たとえばユズリハは、心臓マヒや呼吸困難を引き起こすほどの毒をもっているにも関わらず、名前の通り春に新芽が出てからその場を譲るように古い葉が落ちるので、家が途切れずに新世代に引き継がれていくさまを表して縁起が良いとされる植物。今では松竹梅に地位を譲った例が少なくないものの、かつてはしめ縄に飾るなど全国的に使われていました。生えているのは福島県以南から琉球列島と、照葉樹林の分布と一致します。

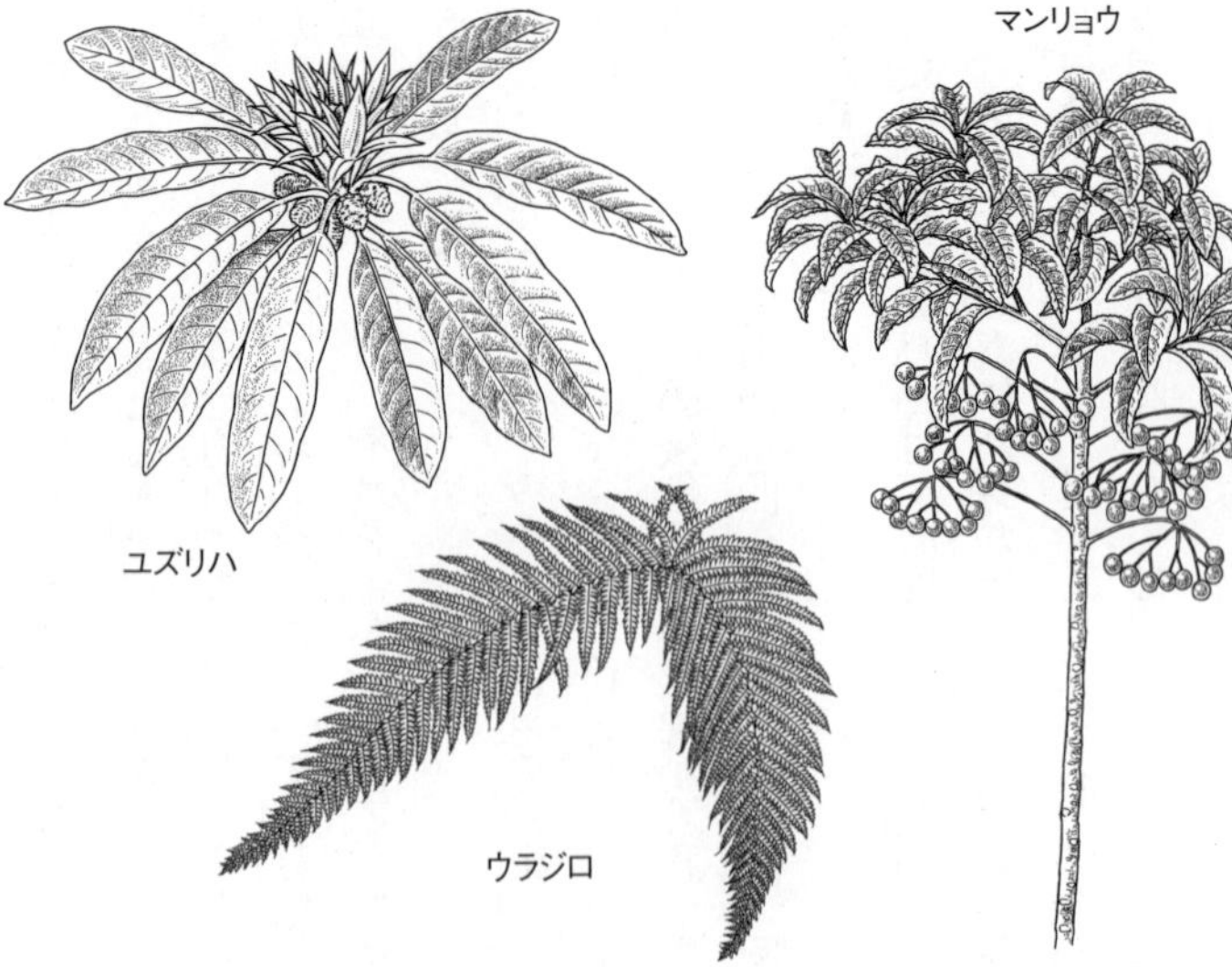

また、名前の通り葉の裏側が白いシダのウラジロは、葉が1m以上にも成長しよく枝垂れることから、かつてはシダと言えばこの種を指したとのこと。これが長寿を意味する「歳垂れる」と同じ響きであることからめでたい植物とされたようです。分布はやはり東北以南で、照葉樹林の日陰にもよく見られます。

正月に飾る鉢植えの万両、千両、百両、十両、一両と景気が良い名前がついた植物には、みな赤い実をつける常緑樹という共通性があります。冬になると緑の葉と赤い実をもつ植物を求めるようになるのは東西共通のようで、ヨーロッパではセイヨウヒイラギがクリスマスの飾りとして使われるのは興味深いところ。

日本ではマンリョウをはじめ人気が高く、

江戸時代には品種改良されて高値で取引された種類もありました。5種類のうちセンリョウだけが違う科の植物で、百両にはカラタチバナ、十両にはヤブコウジ、一両はアリドウシという和名があります。やや北にまで分布を伸ばしているヤブコウジ以外は、関東より西にしか自生していません。

これらの植物のふるさとである照葉樹林は、日本だけではなく朝鮮半島南部や台湾、揚子江以南の中国東南部を経て、ミャンマー、バングラディシュの北部から、インド東部やブータン、さらには遠くネパールにまで分布している、アジアの代表的な植生の一つ。これらの地域には共通の作物や文化も多く「照葉樹林文化」とも呼ばれています。

たとえば正月に関連するものだけあげても、お供えや雑煮に欠かせないモチ、お屠蘇やお神酒として飲む酒、おせちの煮しめにするコンニャク、酒器やお椀に使われるウルシ、晴れ着を仕立てる絹などは、いずれも照葉樹林のある地域に共通の食品や作物。羽根つきの追い羽根に使われる黒い玉も、この地域で広く洗剤として使われているムクロジの実です。

欧米では山の地図を見たり登攀記《とうはんき》を読んだりして楽しむのを「安楽椅子の登山 Armchair mountaineering」と呼ぶと聞いたことがありますが、こうした身近なできごとのなかから自然との関わりを見つけて楽しむのは「安楽椅子の自然観察」とでも名づけられるでしょう。

年中行事に使われる植物

もちろん行事と自然の関係が深いのは正月だけではありません。季節の行事に使われるさまざまな植物には地方独特のものも多く、日本の自然が多様性に満ちていることを教えてくれるでしょう。帰省した折りに年配の方から話を聞くのも面白く、これらのなかにはいま聞いておかないと永遠に忘れ去られてしまうものもあります。

いくつか例をあげてみると、平野部の農村では廃れてしまったところも多いようですが、1月の半ばに行われる山の神の祭りには、ウツギの枝で作った弓矢、ヌルデの木で作った太い箸や農具の模型などをお供えする風習が各地に見られます。

なかでもヌルデは、町なかの空地などでもよく見かける木で、秋に実る丸い実のまわりについている白っぽい粉はなめると塩っぱく、地方によって塩が手に入りにくかった昔は代用品として使われ、大切にされていました。こうした文化が台湾の山岳民族とも共通しているのは興味深いところです。ちなみにヌルデはウルシの仲間で美しく紅葉し、肌の弱い人はかぶれることもあるので、観察する際はご注意ください。

同じく1月半ばに行なわれる「小正月」には、ミズキやヤナギの枝に餅米で作った団子を挿して飾る「まゆ玉」を作る地方も多いようです。ミズキは水分が多いので火事除けになるともいわれ、ヤナギはまゆ玉をつけるとしだれて豊作になった稲に似ています。

　これらは農業と深く結びついている行事なので、都市にはその片鱗も残っていないかもしれません。しかし全国的にポピュラーな行事のなかで使われる植物にも、日本の自然や伝統文化との強い関連性が見られます。

　たとえば2月の節分に使われるヒイラギは、葉に鋭いトゲが多いので、焼いたイワシの頭とともに小枝を家の入り口に挿しておくと、鬼が入ってくるのを防ぐといわれます。ヒイラギはもともと照葉樹林によく生えていて、人や動物の侵入を防ぐために生け垣にもよく使われますが、魔除けのために必ず庭に一本は植える地方もあるとのこと。これは奈良時代に、ヒイラギを抜いたもので地面を叩き五穀豊穣を願ったという、古い宮廷行事に起源があるようです。

　もっとも、行事に使われる植物が、すべてその土地の自然や文化を反映しているわけではありません。たとえば3月のひな祭りは「桃の節句」とも呼ばれるように、モモの花を飾って祝いますが、これには中国の文化が強く影響しています。

　節句には他にも人日（1月7日）、端午（5月5日）、七夕（7月7日）、重陽（9月9日）があり、それぞれの行事に春の七草、ショウブやヨモギ、タケ、キクが使われるのは、いずれも中国より伝わった風習が起源。七草粥のように、もともとは7種類の料理を食べるという中国の風習が、日本に伝わって小正月に粥を食べる風習と一緒になり、田畑のまわりで手に入る草や野菜を入れた粥を食べるという形に変わったと考えられるものもあります。

一方、端午の節句に食べるササに包まれたチマキが中国から伝わったのに対し、同じ日に食べるカシワの葉に挟まれた「柏餅」は日本で生まれたもの。カシワは新芽が出るまで枯れ葉が落ちずに残っているので、ユズリハ（P179）と同じように、家が途切れずに新世代に引き継がれていく様子を表してめでたいとされています。チマキを食べる地方が多い西日本では、柏餅もカシワの葉ではなく、若葉が食用になるサルトリイバラ（サンキライ）の葉で挟むことが多いようです。

この他にも、お盆や月見のお供え、秋の七草など、行事にまつわる植物には、興味深い背景があるものが少なくありません。このように生活や文化と自然がどのような関係にあるのかを知ることも、単に生きものを見て楽しむというだけにとどまらず、自然観察の幅がより広がるのではないでしょうか。

鎮守の森はタイムカプセル

正月になると初詣などで訪れる機会が多くなる場所が神社です。日本に11万あるという神社は、地元の自然信仰から生まれたものが多く、とくに都会では他に見られないような、うっそうとした「鎮守の森」が残っている場合も少なくないので、自然観察の場としても見逃せません。

鎮守の森が興味深いのは、神聖な場所だったために伐採を免れた土地本来の植生やその名残りが存在していることです。とくにシイやカシ、クスノキといった照葉樹の自然林は、先に述べたように早くから開発が進んだため日本にはほとんど残っていませんが、神社を信仰する文化が照葉樹林帯があった西日本で生まれたこともあり、鎮守の森がいわばタイムカプセルの役割を果たし保存されてきました。なかには、奈良県・春日大社のように照葉樹の山全体がご神体になっていたり、広大な面積がほとんど手つかずで保存されている三重県・伊勢神宮のような例もあります。

もっとも、一口に鎮守の森と言っても、そこで見られる自然は地方によってさまざま。同じ照葉樹でも、沿岸部と内陸では生えている木の種類に違いがあり、前者ではスダジイやタブノキがよく見られるのに対し、後者ではシラカシやアラカシが多くを占めています。また関西だからすべてが照葉樹というわけではなく、エノキやムクノキといった落葉広葉樹の大木もよく見られます。

一方、関東地方より北でこうした鎮守の森が見られる神社は、本来の照葉樹林帯である東北地方の沿岸部まで。「落葉広葉樹林帯」に属する冬が寒い地方では、常緑樹で大木になる

オガタマノキ

ミカドアゲハ

サツマニシキ

スギが植えられることが多く、これにケヤキやミズナラ、ブナといった、本来その土地に分布していた木が加わって構成されている場合が多いようです。

　神社での神事に使われる植物が、境内に植えられているのもよく目にします。たとえば神前に捧げる玉串に使われる「榊」は、神社にはなくてはならない常緑樹。神社によっては同じように使われるオガタマノキや、航海の安全を祈るとされ実から灯明に使う油を採るナギも見られます。これらの植物も、もともとは照葉樹林に生えていました。

　こうした植物が残っているおかげで、神社には他では見られない生きものがすんでいることも珍しくありません。たとえば右にあげたオガタマノキは、アオスジアゲハ（P34）

に近縁でより南方系のミカドアゲハが食草にしており、愛知県より南では神社でよく見つけられる代表的なチョウの一つと言えるでしょう。最近ではオガタマノキが各地に植えられるようになったおかげで、その数が増えているともいわれています。

また、自然がよく残された鎮守の森で見ることの多い低木のヤマモガシは、昼間に飛ぶ蛾・サツマニシキの食樹。青くメタリックに光る翅をもつ日本で最も美しいといわれる蛾で、三重県より西でしか見られず、照葉樹林を代表する昆虫の一つです。幼虫で冬を越すので、初詣の時期に葉の表面だけをまだらにかじられたヤマモガシを探すと、寸づまりの体に黄色、赤、黒の突起が並ぶ派手なケムシが見つかるかもしれません。

おしゃれをして初詣に出かける場合にはお勧めしませんが、この時期に鎮守の森で見つけられるチャンスがあるものにヒナカマキリの卵嚢があります。このカマキリは体長1・5〜2㎝ほどと飛び抜けて小型で、成虫になっても翅がありません。分布の北限が日本海側では山形県の沿岸、太平洋側では東京付近と、まさに照葉樹林の分布と一致しており、森の地表に積もった落ち葉の間で活動しています。

つのが生えたような形の卵嚢は5㎜程度とたいへん小さく、落ち葉の裏や木の幹などに産みつけられるので、地面に這いつくばるようにして探す必要があります。人出の多い神社の境内ではかなり勇気のいる行動なので、別の時期に出直した方が良いかも。11月いっぱいいま

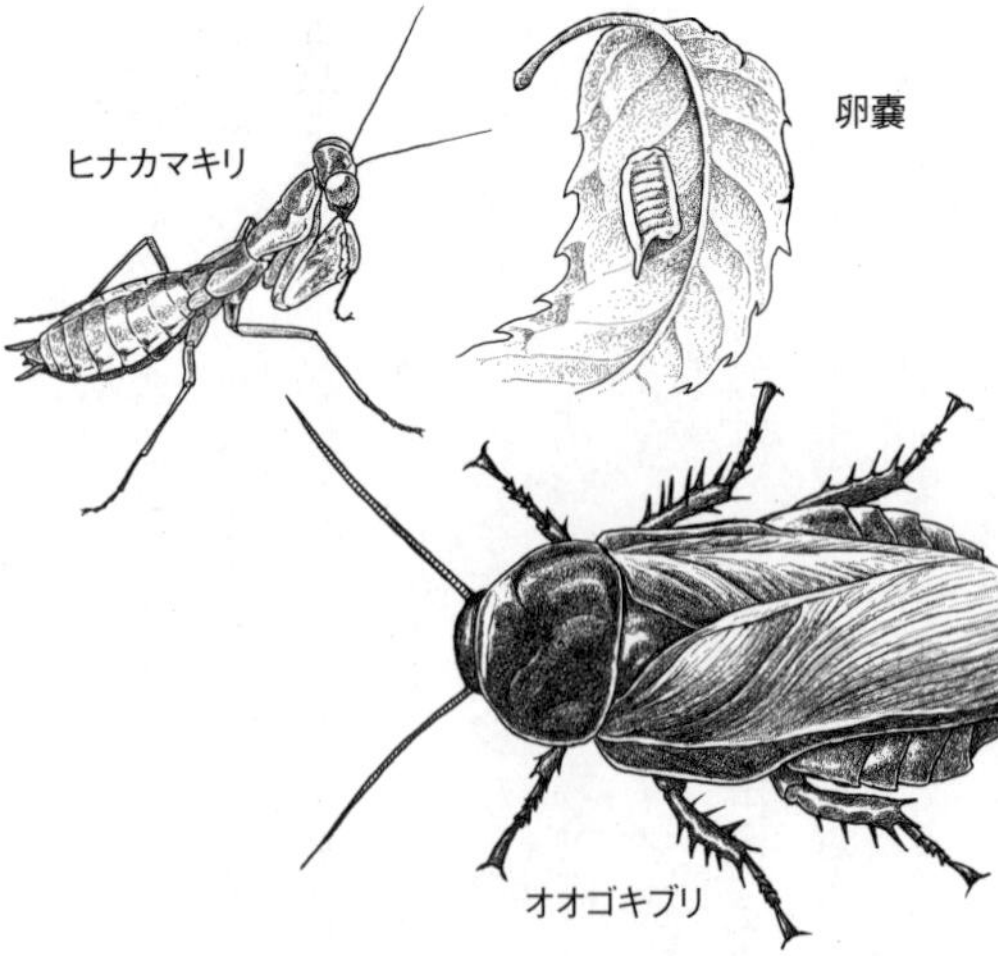

でなら、落ち葉の間をすばしこく歩きまわる成虫も見られるでしょう。生息にはある程度、自然が豊かな環境が必要ですが、都内や横浜市内でも見つかっています。

また、この時期に太い朽ち木が転がっているのを見つけたら、崩してみるとさまざまな昆虫が冬越ししているのに出会えます。なかでも黒光りするがっちりした体に鋭いトゲの生えた太い脚をもつオオゴキブリは、やはり照葉樹林の住人。台所で見かける衛生害虫と違って、朽ち木だけをエサにしているので不潔ではありません。先入観を取り払って観察すると、甲虫のようでなかなか風格のある姿にも見えます。

大木のうろは人気物件

鎮守の森で出会えるのは、こうした照葉樹林に固有の生きものだけではありません。町のなかには少なくなった大木やまとまった緑といった環境が必要な生き物にとっても、貴重なすみかになっています。

その代表的な種類の一つが、ハトくらいの大きさの小型のフクロウ・アオバズク。彼らは初夏になると東南アジアから渡ってきて、大木のうろを巣にして繁殖するため、鎮守の森は絶好の環境です。ヒナを育てるには昆虫や小鳥、ヤモリといったエサが豊富な自然が必要なせいか、すでに東京23区や大阪市内では、渡りの途中で立ち寄ったものの記録しかありません。しかし郊外なら住宅地に近い神社などでまだ出会うことができ、緑が豊かな京都市内では御所や糺《ただす》の森などでも繁殖が確認されています。夜には「ホッホッ、ホッホッ」と二声ずつ区切った鳴き声で存在を知ることができるでしょう。

大木のうろは寒さや雨、外敵から身を守ることができるので、さまざまな生きものが利用します。リスやムササビ、ヤマコウモリなどは、さすがに町のなかでは見られなくなりましたが、シジュウカラのような小鳥やスズメバチなどの昆虫も巣をつくり、数が限られているので時には奪い合いになるほど。

　さらに最近では、移入種の生物たちがすみかにしている例も少なくありません。たとえばワカケホンセイインコは南アジア原産で、長い尾を含めると全長40㎝にもなるエメラルドグリーンの体に、真赤なくちばしをもつ、いかにも日本離れした姿の鳥。ペットとして輸入されたものが逃げ出したり放されたりした結果、数百羽の群れがすみついている首都圏をはじめ、愛知や京都でも繁殖が確認されています。

　原産地では、乾燥して開けたサバンナにまばらに生えた木のうろで繁殖していたので、うっそうと茂って湿度の高い鎮守の森にすみつくことはありません。しかし都市によく見られるような、整備されて大きな木ばかりがまばらに残されている神社の境内では、観察されることが多いようです。こうした場所には、うろをめぐって競争相手になる他の鳥や、ヘビやタカといった天敵がいないのですみやすいのでしょう。

こんな珍客もいるものの、ある程度の広さがある鎮守の森には、町なかであってもタヌキがすみついたり、冬になるとオオタカがやって来る場合もあります。

オオタカは、名前のイメージとは違ってカラスぐらいの大きさで、飛んでいる姿は白っぽく見え、少し広げた扇のような尾には黒い縞模様があります。主に鳥などをエサにしており、昔は鷹狩りに使われていました。

かつては里山の豊かな自然のシンボルとして見られ、バードウォッチャーの憧れの的でしたが、2000年ごろから駅や神社のまわりに多いドバトをエサにして都市でも姿が見られはじめ、冬ばかりか1年を通じてすみつくものも現われています。都内の大きな公園では繁殖するつがいまでいるほど。鎮守の森をねぐらにしていることが多いハシブトガラスも、当初は集団でオオタカを追い払ったりしていましたが、最近は地位が逆転して餌食になってしまうことも少なくないようです。

もっとも、オオタカがいるからと言って、町にも自然が戻ってきたと考えるのは早合点でしょう。彼らのエサであるドバトやカラスを支えているのは豊かな自然ではなく、人間から得られるエサや生ゴミなのですから。

神社に縁が深い生きものを付け加えるなら、稲荷系神社のキツネのように、動物を神の使いとしている神社も少なくないことがあげられます。これには三峰神社（埼玉県）のニホンオオカミ、春日大社（奈良県）のニホンジカ、日吉神社（滋賀県）のニホンザル、住吉神社（大阪府）のヘビなどが知られていますが、おそらくかつては周辺にも生息していた種類だったに違いありません。

そのなかにはイノシシやネズミなどにとっての天敵も多く、農業に害を与える動物を退治してくれるので大切にされていたことが信仰にもつながったと考えられています。こうした関連を調べるのも、その土地の自然と人間の関わりを認識させてくれるでしょう。

100年で作れる？ 鎮守の森

このように自然観察の場として注目すべき鎮守の森ですが、そこに残されている自然の豊かさは神社によって違います。なかにはすっかりなくなって社務所や駐車場になっているもの、本来の植生とは全く縁のない木が植えられて公園のように整備されているもの、大きな木は残っていても低木や下草は伐り払われてしまったものなど、さまざまです。

しかし、昔のままの植生が残されていない鎮守の森も価値がないとは言えません。町のなかとしては貴重な大木やまとまった緑があるだけでも、重要な存在であることはこれまであげた通り。なかには全く人工的に作られたにも関わらず、成長するに従って豊かな自然が定着しつつある鎮守の森もあります。

東京の代表的な鎮守の森である明治神宮もその一つ。ここは大正6〜10年（1917〜20年）に、全国から献上された12万本の木を約70 haの土地に植え、将来は照葉樹林になるように計画的に作られたものです。約90年の間に、明るい環境を好むマツなどは早く成長し、やがて下から伸びてきたクスやシイなどの照葉樹と交代するように枯れていきました。現在では計画通りにとても人工林とは思えない姿に成長し、タヌキをはじめ多くの生きものがやって来てすみついています。

京都の平安神宮も、平安遷都1100年を記念して明治28年（1895年）に創建されたもので、庭園や神苑の池には、すでに京都市内では見られなくなった魚や水生昆虫が生息。滋賀県大津市の近江神宮は、作られてから70年ほどしか経っていませんが、最初に植えられた7200本の木のうち、1500本もあったスギやヒノキはほとんどなくなり、カシなどの照葉樹に交代しつつあります。比叡山の麓という立地条件からか、キツネやリスまですみついているという自然の豊かさです。

こうした鎮守の森は、植物が長い時間をかけて交代しながら森になって行く「遷移」（P83）の働きに、人間が手を貸すという形で作られた結果、より自然に近い姿になったと言えるでしょう。

初詣がてら鎮守の森を訪れる機会があったら、その歴史についても調べてみると、神社ごとに見られる自然が違いがあることの理由が垣間見えるかもしれません。

昔

自然観察でタイムスリップ

町のなかにある江戸時代

新年は年が改まったことで自分の年齢を意識したり、古い知人と会って話をする機会が増えるなど、昔に思いを馳せる時期でもあります。せっかくですから、その土地の昔の自然がどうだったかについて考えてみるのも面白いのではないでしょうか。

以前に話題となったテレビドラマに、現代の医師が幕末の江戸にタイムスリップして活躍するというストーリーがありましたが、自分が同じ状況になったら何を見たいか考えた自然観察愛好家も大勢いたに違いありません。というのも、たびたび紹介しているように、当時の江戸の町には豊かな自然が残り、今では姿を消してしまったさまざまな生きものがくらしていたからです。

当時日本を訪れた外国人の幾人かは、江戸の自然の豊かさに驚嘆しました。イギリス人の植物学者であるロバート・フォーチュンは旅行記のなかで「深い堀、緑の堤防、大名の邸宅、広い街路などに囲まれている。樹木で縁どられた静かな道や常緑樹の生け垣などの美しさは、

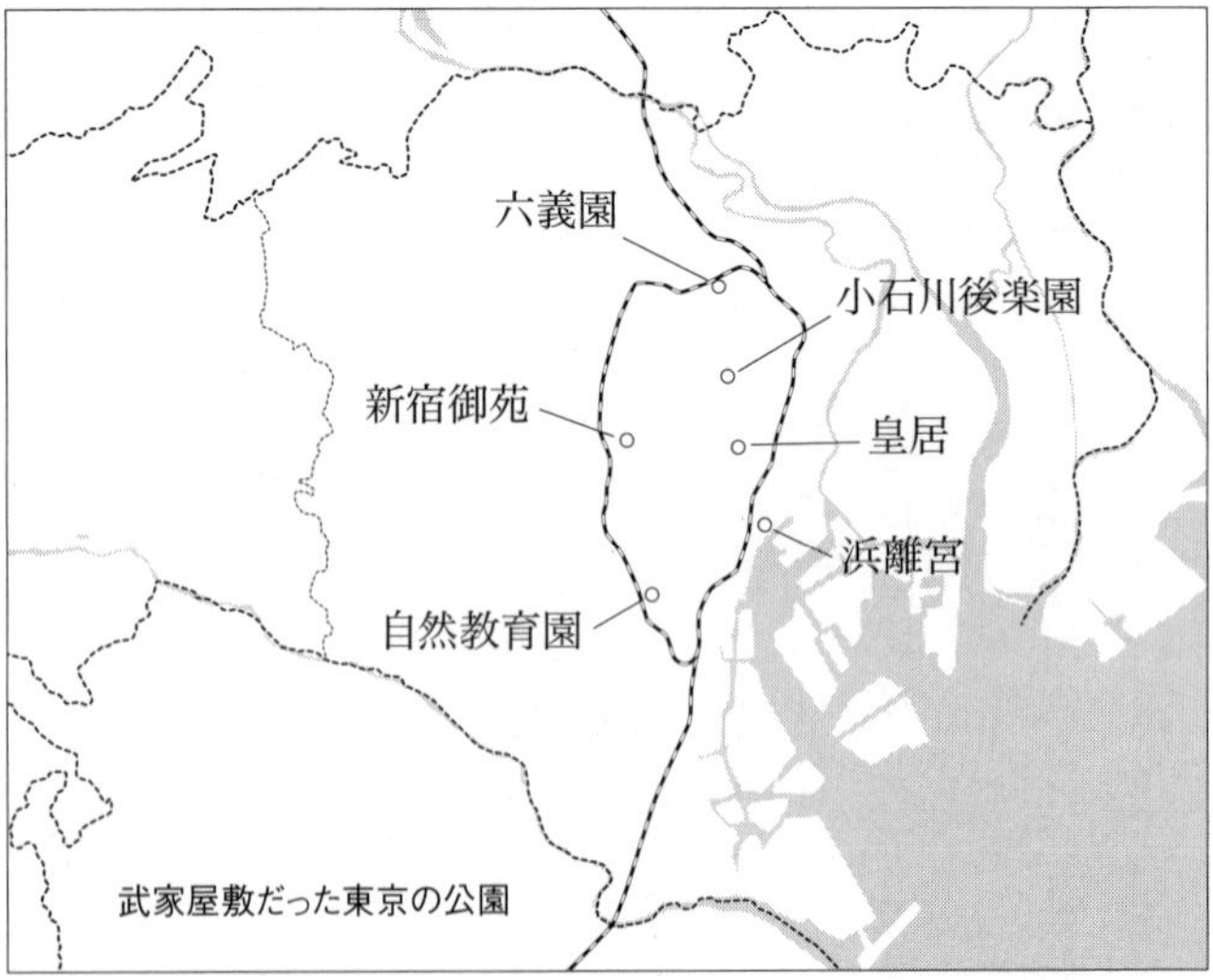

世界のどの都市も及ばないだろう」と述べているほど。これは江戸の市街地の面積の80％が、緑の豊かな武家屋敷や社寺であったためで、時代劇でお馴染みの長屋や商店といった町屋はわずか20％程度しかありませんでした。

こうした面影は、今では近代化によって全くなくなってしまったようにも思えますが、ドラマの主人公ではなくても、タイムスリップしたように江戸時代から続く自然を見つけることは可能です。

たとえば、江戸の豊かな自然を支えていた武家屋敷は明治維新で姿を消したものの、その跡地のいくつかは公園として保存されています。六義園（豊島区）、新宿御苑（新宿区）、小石川後楽園（文京区）、浜離宮（中央区）

などはその代表的なもの。いずれも大木や水辺、広い空間といった、都市のなかでは数少ない環境の残る貴重な存在になっています。

ここでは現在も生きものの姿が多く、池ではカワセミが小魚を狙ったりカモが翼を休め、キビタキなどの夏鳥の中継地になり、大木の枯れ枝からはタマムシが発生します。冬にはオオタカの姿が見られるかもしれません。

さらにかつて江戸城だった皇居は、外から見るだけでもうっそうとした照葉樹の大木に被われ、まるで東京の原自然が残っているかのようです。しかし実際には、明治時代には多くの建物が建ったり庭園が整備されたりしており、昭和天皇の意向でなるべく自然に手を入れないようになってから、現在の姿が出来あがるまでに70年ほどしか経っていません。

それでも最近行われた吹上御所の調査では、3638種の動物が確認され、なかには23区内ではほとんど見られなくなったアオバズクやキジのような野鳥、アオヤンマ、コサナエといったトンボ、コオイムシなどの水生昆虫が生き残っていました。吹上御所はまさに江戸のロストワールドだったのです。

もちろんここには一般の立ち入りはできませんが、今上天皇の意向もあり、その自然に対する国民の理解を深めることを目的に、年3回の自然観察会が開催されています。抽選なので競争率は高いものの、照葉樹林や雑木林、水生植物が茂る濠、せせらぎや湿地といったコンパクトにまとまった東京の原風景を感じることは可能です。

この抽選に漏れてしまっても落胆することはありません。国立科学博物館付属自然教育園（港区）はやはりかつての大名屋敷で、面積は皇居吹上御所の1／3ほどに過ぎませんが、シイの大木がそびえる照葉樹林やコナラなどの雑木林に被われ、都内では数少ない生きものも生息。オニヤンマやゲンジボタルなどが飛ぶ小川や、オシドリがすみつきヒキガエルが産卵に集まる池といった多彩な環境が残されています。

この自然を守るために天然記念物に指定され、一日の入場者は300人に制限されていますが、手軽にタイムスリップしたような自然観察ができる場所と言えるでしょう。

一方、江戸よりも都市としての歴史が遥かに長いうえ、効率を重んじる商業地として発展し、地形的にも平坦な大阪市内には、古くから残されている自然は少ないのが現状です。これは昆虫の種類数などに如実に現れ、東京23区と大阪市24区で現在でも見られるチョウを比較すると、前者では62種が知られているのに対し、後者は46種とその差は歴然。

中心部にある大阪城も現在では緑の多い公園となっていますが、長いあいだ手をつけられずにいた皇居とは自然の豊かさを比べるべくもありません。ただし確認されている野鳥の種類数はむしろ皇居より多く、生きものにとっては都市のなかの緑として重要な存在であることは同様です。

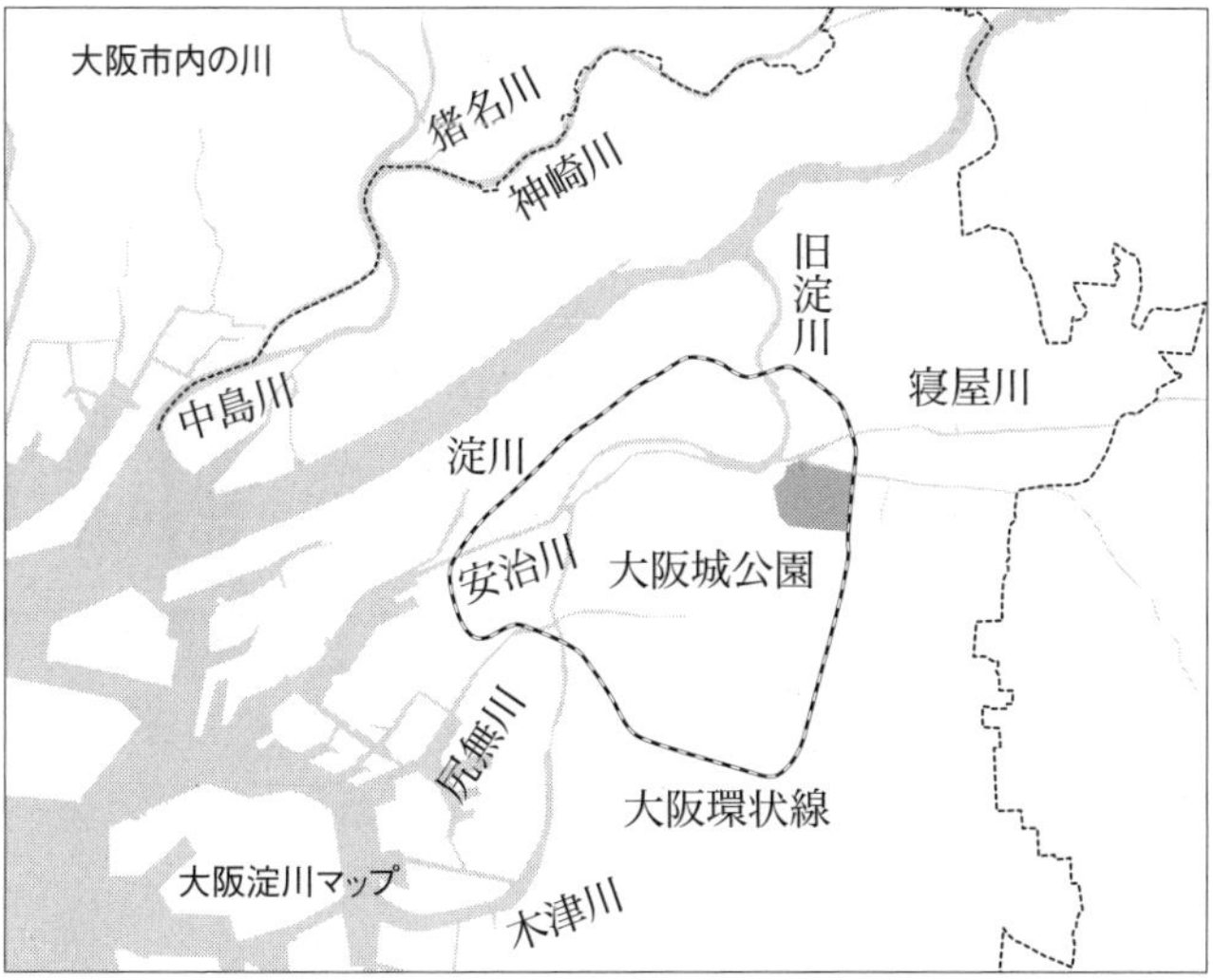

しかし何と言っても大阪の原風景と呼べるのは淀川でしょう。多くの流れが交錯していた河口部は、水害予防のため明治時代に大規模な河川改修が行なわれて太く直線化されたものの、今でも水辺には入り江のようになった「ワンド」をはじめ、ヨシ原、中州、干潟といったさまざまな環境が見られ、多くの生きもののすみかとなっています。

とくに淡水魚の多様性は、淀川の大阪府の部分だけで約100種と、東京のすべての川にすむものを合計した64種を遥かに凌駕。なかでも東京ではすべて絶滅してしまった在来種のタナゴ類は、先に紹介したイタセンパラをはじめ4種類が健在です。地名を冠したオオサカサナエをはじめとするトンボも豊富で、湿地性の昆虫も少なくありません。

これらの水辺の生きものは、かつて広大なヨシ原や低湿地が広がり、水路が網の目のように入り組んでいた、大阪の原風景を現代に伝えているといえるでしょう。

昔の写真から見る自然の変化

江戸時代からの都市の自然について変化を探る「タイムスリップ自然観察」の手がかりとなるものには「江戸名所図会」「名所江戸百景」「浪速名所図会」「浪速百景」といった、江戸時代後期に出版された浮世絵があげられます。いずれも当時の風景や人々の風俗が描かれ、自然と人間の関わりについても知ることのできる一級の資料。

とくに「江戸名所図会」については江戸市中だけではなく、現在の千葉・埼玉・神奈川県といった周辺部までも対象としています。さらにルーペ片手に探してみると、カワセミ、マガン、イシガメ、ホタルといった、さまざまな生きものが描きこまれているので、時空を超えた自然のガイドとも言えるでしょう。

しかし、ここまで遡らなくても、自然の変化を知ることのできる資料はごく身近にあります。その一つが昔の写真。最近では自治体のＷｅｂサイトでも、年代やテーマに沿ってこうした写真を掲載していたり、地域を限っての写真集が出ていたりしますが、個人のアルバムに残されている家族や行事のスナップもまた、貴重な記録です。

もちろん自然の変化を記録しようと撮影されたものは少ないので、そこから得られる情報は必ずしも多くはありませんが、注意深く見るとさまざまな変化を見つけることができます。それを持って同じ場所に出かけてみるのも、タイムスリップ自然観察の面白さの一つに違いありません。

たとえば1950年代くらいまでに生まれた都市の住民には、幼稚園や小学校の行事で潮干狩りに出かけた経験がある人も多いのではないでしょうか。東京や大阪の場合、この時期までに多くの海岸線は埋め立てが進んでいましたが、まだ千葉県の行徳や船橋、堺市の大浜といったさほど遠くない近郊に潮干狩り場が健在でした。

これらの行事では、たいてい主催者が写真を撮影して、記念写真以外のスナップは希望者に販売していた記憶があり、アルバムにも残っています。そのほとんどは人物ですが、なかには当時の海岸線の様子が写っているものも少なくありません。

それを見ると、引き潮になると遥か沖まで歩いていけるような浅い干潟が続いており、今ではとても想像できない風景です。かつての東京湾や大阪湾の沿岸にはこうした干潟が続き、アサリやハマグリ、アオヤギなどの貝をはじめ、シャコ、エビ、また遠浅の海を好むヒラメ、アナゴ、コハダといった魚の格好の漁場となっていました。「江戸名所図会」の「品川汐干」などに描かれているのとまったく同様です。

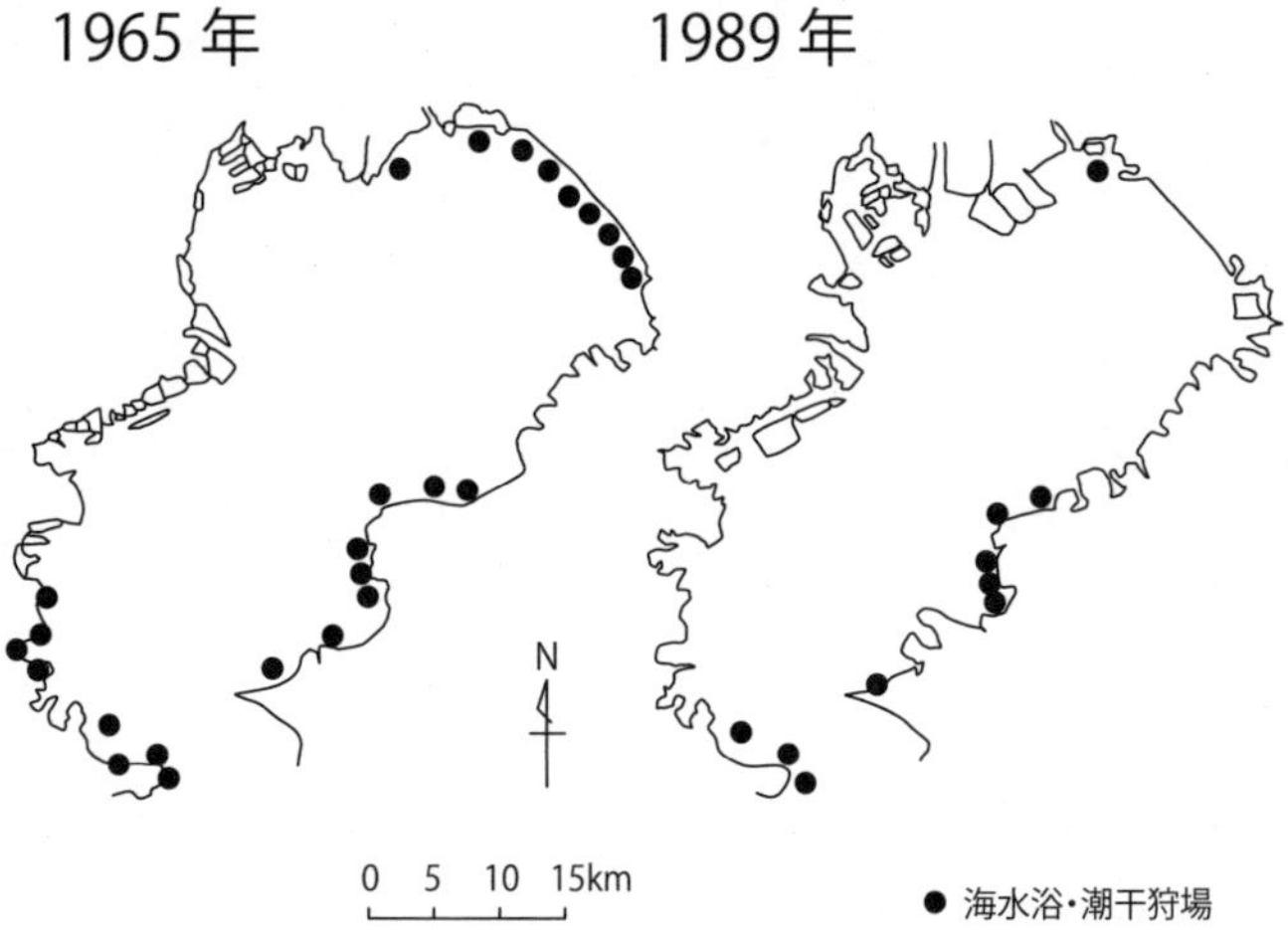

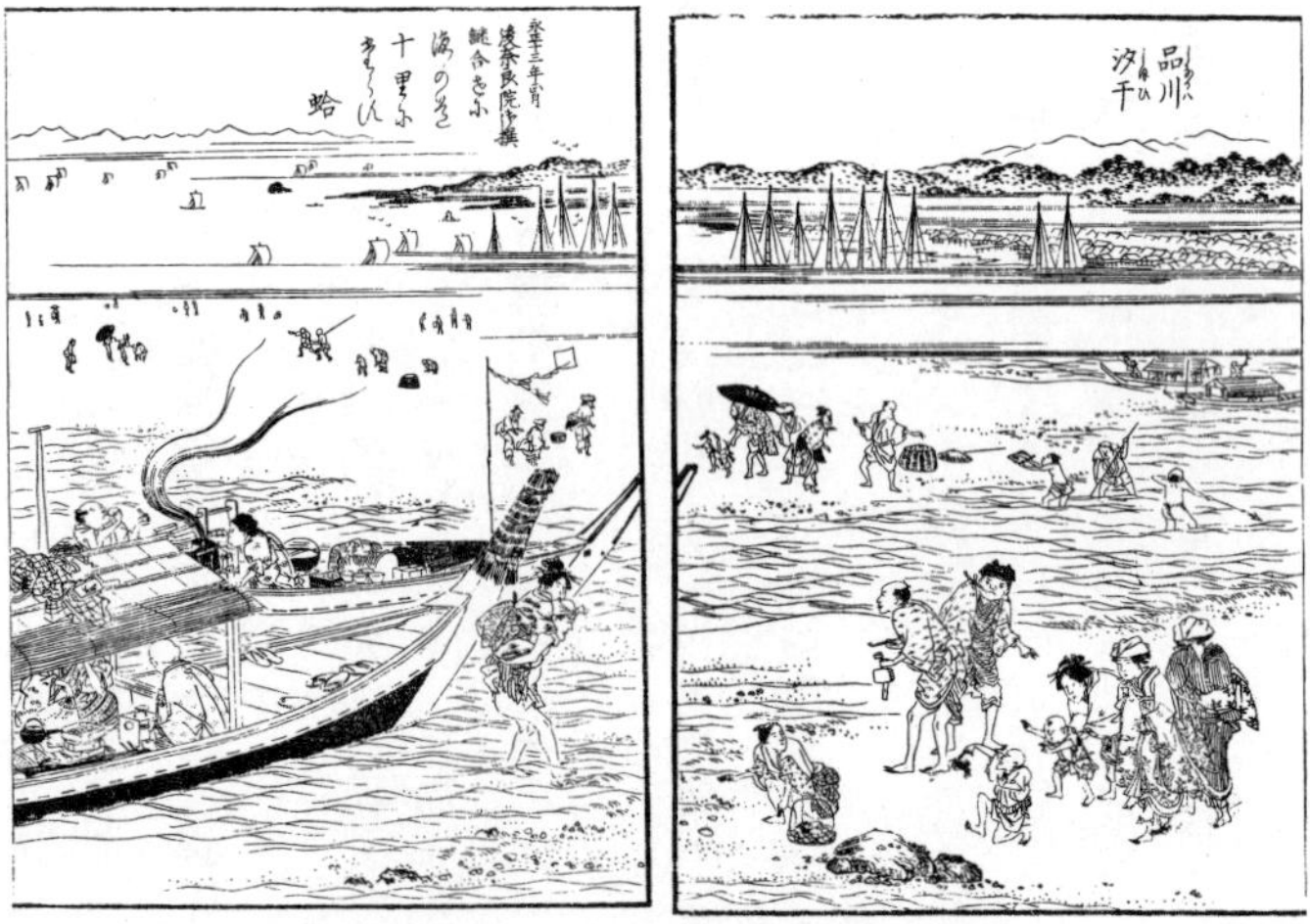

『江戸名所図会』品川汐干（国立国会図書館）

こうした環境は漁業だけではなく、渡り鳥が泥の中にすむカニやゴカイをエサとして利用する場としても重要で、さらにこれらの生きものが有機物を養分として取り込むので水が濾過され、水質の悪化を防いでいたといわれています。

干潟は高度経済成長期にそのほとんどが工場用地などとして埋め立てられてしまい、大阪湾ではほぼ消滅、東京湾でもごくわずかしか残っていません。現在では東京湾野鳥公園や大阪南港野鳥園などに人工的に復元されており、水鳥などの数少ないのすみかになっていますが、かつての干潟とは比べものにならず、生態系のバランスが崩れて一部の生きものばかりが大発生することもしばしば起きています。

人間の利用が変えた風景

誰もがよく訪れ記念写真を撮るのが定番になっているような観光地でも、興味深い変化が見られます。たとえば鎌倉の大仏もその一つ。ここの裏山は森になっていますが、昔に撮られた写真と現在とでは、生えている木の種類が全く変わっているのです。

最も古い幕末に撮られたものには、背の高いマツの木が密生した森が写っていました。しかし年代が進むにつれて、その下からカシなどの照葉樹が次第に成長している様子が伺え、1950〜60年代にはまだ残っていたマツもやがて枯れてしまい、現在では完全に照葉樹に被われています。

これは、戦前までは落ち葉や下生えを燃料などに使うため頻繁に掻き取っていたので、照葉樹が生えることができずにマツ林が維持されていたようです。こうした燃料は「柴」と呼ばれ、昔話の「桃太郎」に出てくるお爺さんも、これを刈りに山へ出かけて行きました。ところが戦後は石油やガスなどの化石燃料が普及して、マツ林の柴を利用することが無くなった結果、人間が手を入れる以前にもともと生えていた照葉樹が次第に成長して植物の遷移が進み、入れ替わってしまったと考えられています。

こうした傾向は、やはり観光地である京都の知恩院から清水寺にかけての裏山にあたる東山でも同様とのこと。古いアルバムを探してみて、有名観光地に旅行に出かけたり、近郊の山へハイキングや遠足に行った時に写したような写真があったら、その背景に注目してみると意外な発見があるかもしれません。

人間が自然をどのように利用して来たかによって、風景も変化してゆくということは、ようやく最近になって広く認識されるようになりました。それを古い写真から読み取ることによって、こうした変化が生きものにどんな影響を及ぼしていたかを知る研究も注目されるようになっています。

それによると、高度経済成長期以前の日本の自然は、木を切ったり草を刈ったりが頻繁にくり返され、あちこちに禿げ山が続くほど過剰に利用された状態だったことが読み取れるとのこと。この影響は川や海岸にまで及び、広い河原や砂浜を作り出したり、洪水や飛砂といった害も引き起こしていたそうです。

現在では安い外材に押されて山の木を伐っても採算がとれなくなり、草を牛馬の飼料や肥料に利用することも無くなりました。そのため、鎌倉の大仏の裏山同様に、本来そこにあった自然が急速に回復しつつあり、ある学者によると「日本の森は有史以来最も豊かな状態にある」とまで言われています。

自然は昔の方が豊かで、現在ではそれがどんどん失われていると考えがちですが、必ずしもそうではないことが、こうした研究から明らかになってきました。それなのに絶滅危惧に追い込まれている生きものが年々増えているのは、雑木林にすむギフチョウや草原がすみかのウズラ、水田のまわりでくらすメダカやゲンゴロウのように、人間が手入れをすることによって維持されて来た環境にすむものが多くを占めているため。

日本の風景やそこにすむ生きものが大きく変わったのは、1955~70年前後の高度経済成長期を境にしていると考えられています。農業のスタイルやエネルギー事情の変化によって、自然の利用の仕方が大きく変わった時期と見事に一致します。古い地図などを見ても、この時期を境に林や田畑が減って宅地が増え、車道が網の目のように張りめぐらされるという急激な変化が起きているのが分かります。右にあげた生きものたちが次々と姿を消していったのも、まさにこの時代でした。

こうした記憶が風化していないことに加え、最近では「となりのトトロ」「ALWAYS 三丁目の夕日」といった映画でも描かれる機会が多くなったせいか、昭和30年代の自然に関心が高まっているようです。なかには当時の自然と人間の関係を理想のように考えている人も増えているようですが、美化されがちな記憶のイメージだけでは、その実態は分からないでしょう。絵や写真に残された映像、いなくなってしまった生きもの、暮らしの変化といった時代背景から総合的に考えてそれを捉えるのが、タイムスリップ自然観察の面白さでもあります。

こうした昔の自然について知ることは、決して単なるノスタルジーではありません。なぜなら、これまでさまざまな生きものについて紹介して来たように、いま見られる自然も時間とともに変化して来たものであり、そこにもともとあった自然と必ずどこかでつながっているからです。

記録

記録をまとめて共有する

過去の記憶は他人の記憶

自然を観察するにあたってぜひお勧めしたいのは記録を残すことです。ただ生きものを見て楽しむだけでは見えてこないことも、記録を残すことによって明らかになり、興味をさらに深めることができるようになります。

たとえば、初めて見た生きものの記憶だけを頼りに名前を確かめること（同定）は至難の技ですが、写真が撮ってあればずっとハードルが下がるし、ポイントが押さえられていればメモやスケッチだけでも、十分に役立つことが少なくありません。

また、生きものの名前を覚えるために最も役立つ方法の一つは、自分の記録を見返して、いつどこでどんな種類に出会ったかを再確認することです。積みあげた記録を自分流の図鑑やリストとして整理し、次の観察に活用することもできます。さらに長い時間が経ってから見返すことで、町の自然がどのように変わってきたかを知ることもできるでしょう。

役に立つ記録を残すにはそれなりのコツがあります。最も大切なのは現場で記録すること。

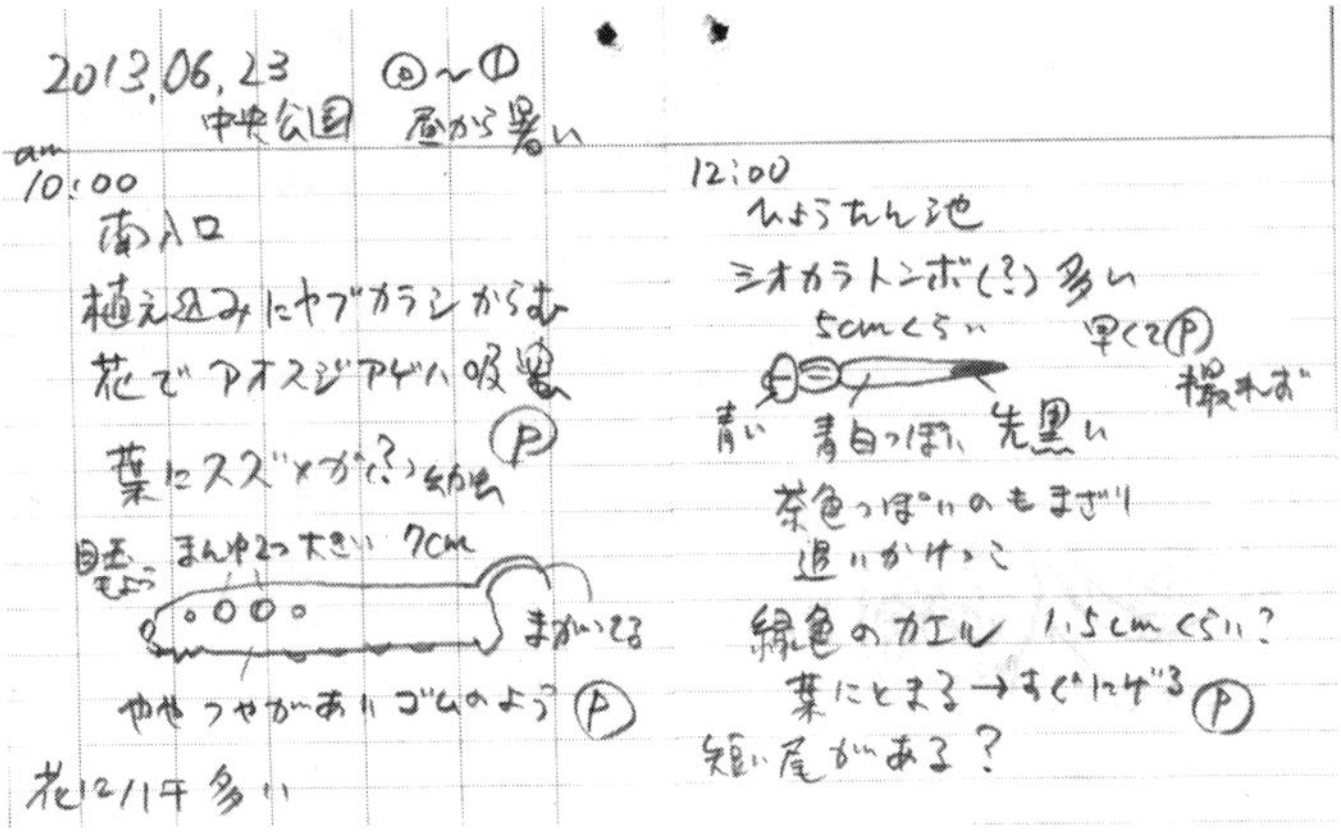

フィールドノート記入例

「覚えておいてあとでまとめて書けばよい」と思っていると、肝腎なことを忘れたり、実際に目の前にあるものではなく自分が感じた印象を記録してしまうことになりかねません。写真の場合はありのままの記録が残るような気がしますが、生きものの動きやその時の状況、まわりの環境といった写りにくい情報も記録しておくと、より実態が伝わるうえ、あとから画像を整理する際にも楽です。

　フィールドノートの書き方は、多くの自然観察者が自分流のHow toをもっていますが、文字による記録で重要なのが、文章を書く時と同様に「いつ、どこで、誰が、何を、なぜ、どのように」の5W1Hを踏まえることは誰でも共通でしょう。その記録を再び読み返す未来の自分はすでに他人と考えて、誰が見ても意味が伝わるように書くことです。

実例を挙げると、まずページの頭に年月日と場所を記入します。長いコースを歩いた時は「出発地〜経由地〜終点」と行程を書き足しておくとより分かりやすいでしょう。天候はもちろん「今年最初の真夏日」のような気象の情報も書いておくと、生きものの活動との関係が見えてきます。

何かを見つけた時は時刻も記録しますが、数が多い時は煩わしいので、飛び飛びになっても構いません。次に「道ばたのハート形の葉に長さ約8㎝の緑色のイモムシ」といった具合に、見つけた状況と概要を記入します。「つつくと首を左右に振るように動く」などの行動の記録も重要です。もちろん名前が分かっていれば「ヘクソカズラにスズメガの幼虫」のような記述で充分。自信がない場合は「?」としておけば、あとで似たものを調べることが可能です。写真を撮ったら「P」などの記号をつけておきます。

「クロマダラソテツシジミ」のような長い名前の生きものは省略しても構いませんが、これを「クマソ」などと突飛な略し方をすると、第三者にはもちろん、年月が経つと自分にもなんのことやら分からなくなるので要注意。

次に出かけた時の観察記録を記入する前の1ページを空けておくと、後から気づいたことや同定できた生きものの名前を追加するのに便利です。

百聞は一見に如かず…とは限らない

良いスケッチ

悪いスケッチ

写真やスケッチといった視覚による記録は、自然観察にはたいへん有効です。

絵を描くのが苦手でない人ならスケッチがお勧め。対象をよく観察する必要があるので、細かい特徴にも気づくことができるからです。ただし自然観察のためのスケッチの場合、構図を気にしたり影をつけたりといった、一般的な絵を描く時に気をつけるべきポイントを踏襲すると、かえって特徴が分かりづらくなりがち。たとえば葉のへりのギザギザや支脈、イモムシの脚の数といった、部分部分の形をしっかり押さえた模式図的なものの方が分かりやすいでしょう。表現しにくい部分は引出し線などで文字で説明すれば十分です。

生息環境の模式図などはたいへん役に立ちます。

スケッチをもとにして図鑑などで同定するのは、最初はなかなかうまくいかないかもしれません。見分けるためのツボは生きものによって違うので、必ずしもそこを押さえたスケッチができるとは限らないからです。しかしくり返し図鑑などと見比べていると、自分のスケッチに足りない情報が分かってくるので、次回からの上達につながります。

最近は後述するようにｗｅｂサイトでの同定も盛んに行なわれているので、写真での記録の重要性が増してきています。写真撮影そのものが目的でない場合はスケッチと同様に、構図よりも被写体の特徴をいかに多く捉えるかがポイントです。

よくありがちなのは、一つの方向からだけから撮影された画像に、その生きものを同定するための必要な情報が写っていないこと。たとえばクワガタムシなら大アゴが写っていなければどんな種類か分かりません。イモムシの場合は、脚の数によって種類を見分けることが少なくないので、その情報は必須です。そのためにも、可能ならアングルを変えて側面、背面、正面など複数の方向から撮っておきます。

また、動きや姿勢に特徴のあるものもいるので、一度撮影してもすぐに立ち去らず、しばらく観察を続けたり刺激を与えたりすると、ビックリするようなポーズをとるかもしれません。こうした動きを動画で記録するのも一つの方法。さらに食べていた植物やいた環境が分かるように、「引き」で撮っておくこともよい記録になります。

気軽にとれるのでお奨めのコンパクトデジタルカメラは、被写体の前後でピントの合う範囲に厚みのある「被写界深度が深い」ものが多いので、レンズに対して直角に位置するイモムシのような長いものを撮っても、手前にだけピントがあっていて後ろはピンボケということが起こりにくいカメラです。背景の環境を写し込むのにも向いている点も自然観察には適しています。

よく忘れられがちなのは大きさの情報。とくにマクロ機能で拡大して撮影した場合は、実物よりずっと大きく感じてしまいます。被写体の横にものさしを横に置いたり比較対象物を入れるか、計測してノートに記録しておくとよいでしょう。

動きの速い種類や暗い場所にいるものは、ストロボを使ったり、ＩＳＯ感度やシャッタースピードを調整するのは当然ですが、いったん捕まえて容器に入れると観察や撮影がしやすくなります。もちろんあとで同じ場所にリリースすることをお忘れなく。

散逸させず仕舞い込まず

こうして集めた自然観察の記録ですが、整理の仕方によってはたいへん役に立つデータになる反面、捨てるに捨てられないお荷物にもなります。いずれも、フィールドノートやカメラに収めた記録を、最初にどう整理するかが分れ道と言ってよいでしょう。

とは言うものの、外から帰ってきてすぐに記録を整理するのは面倒なもの。そんな時でも最低限の整理をしておけばあとが楽になります。

フィールドノートの場合は、たいてい書きなぐりになってしまうので、足りない部分の補足や生きものの同定結果を付け加え、他のノートやパソコンに整理してまとめるのがベストです。しかし、そこまでの余裕がないとしても、あとから見返した時にノートの内容がすぐ分かれば、情報の使い勝手は格段によくなります。年月日と行った場所の分かる目次を見返しや扉に作っておき、観察から帰るたびに追加しておきましょう。

ノートを1冊使いおわったら、使った年度と大まかな観察場所を宛名シールなどに書いて裏表紙などに貼っておけば、ノートの数が増えても探しやすくなります。

撮影した画像の場合は、まずはパソコンに取り込むことになると思いますが、そのままでは整理されていないのでいつどこで撮ったものか分かりにくいうえ、データが壊れて見られなくなってしまう危険性もあるので、ＵＳＢやＣＤなどの外部記憶装置に保存して利用することをお勧めします。

時間のある時に同定して名前が分かってからタイトルを変更するという場合も多いので、とりあえずはＣＤではなく、上書きが可能なＵＳＢなどに保存しておくのが便利でしょう。

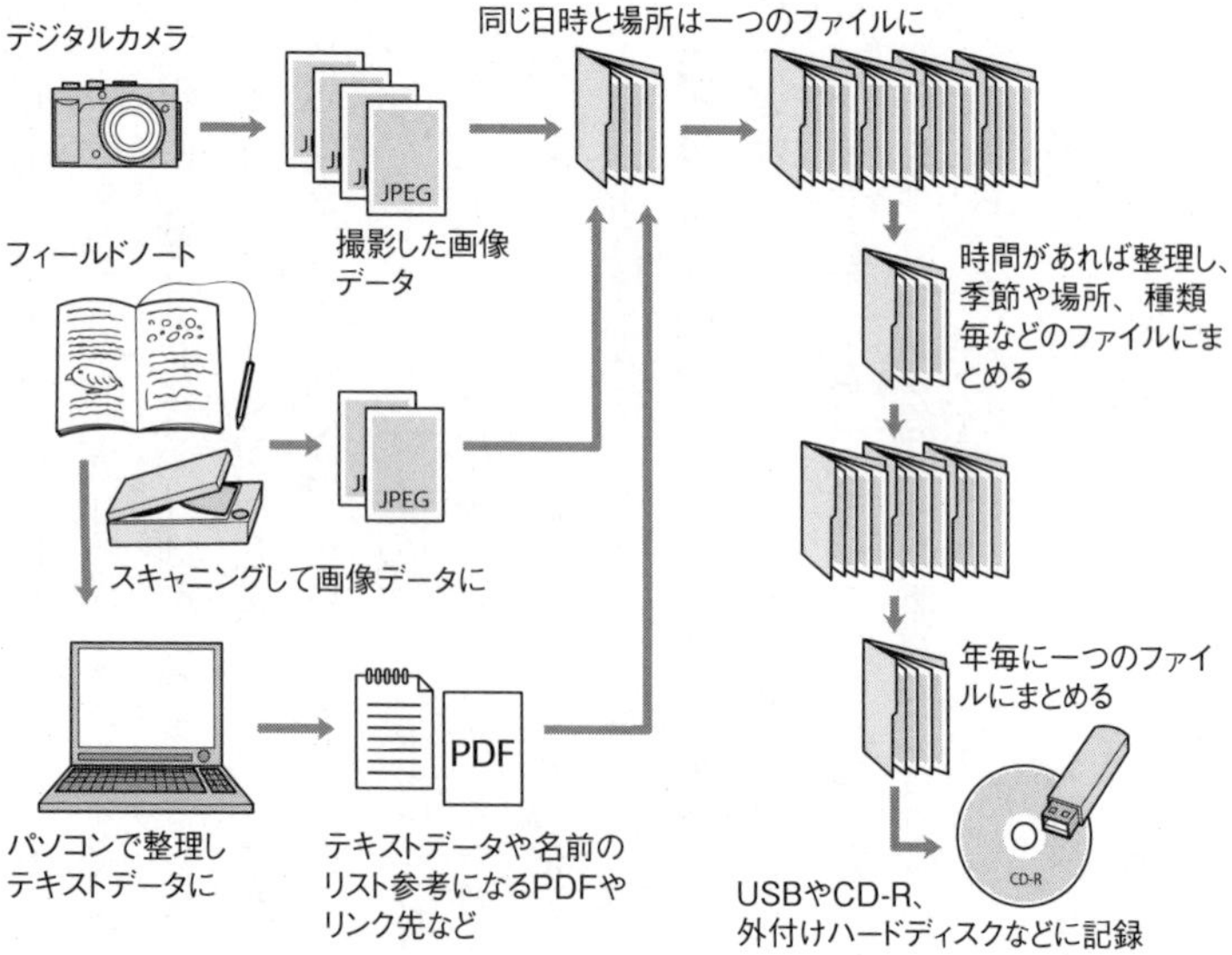

外付けハードディスクは大量のデータを保存しておくのに便利ですが、これもバックアップして保存しておかないと、長年積み重ねたデータが一瞬で壊れてしまう場合があるので要注意。

保存のコツとしては、帰宅してパソコンに画像を取り込んだら、すぐに一日分を一つのファイルにして、USBなどに保存してしまうことです。あとは時間のある時に、個々のデータのタイトルを年月日や場所が分かるものに変えたり、月別、またはフィールド別のファイルにまとめます。こうしたファイルを最後にその年の自然観察ファイルとしてひとつにまとめるという具合に、階層的に整理しておくと、見つけたい画像もすぐに取り出せます。

見つけた環境やついていた植物などのテキストデータ、名前のリスト、人からもらった生きものやフィールドの画像、さらに見分け方が記載されているPDFなども、同じファイルで保存すると使いやすいでしょう。

パソコンに画像を取り込めるスキャナーがあれば、フィールドノートをそのまま画像データにして、写真と一緒に同じファイルに保存しておくことも可能です。

インターネット図鑑の使い方

こうして集めたデータをどう使うかは人によってさまざまですが、観察・記録したからには、その生きものの名前をぜひ知りたいというのが人情でしょう。図鑑と首っ引きで絵合わせをしながら同定を進めるのは、それなりに面白く知識も身に付きますが、慣れていないとどこから手をつけてよいか分からずに途方に暮れることも多いかも知れません。

最近ではインターネットの普及によって、多くの人と画像や情報をやり取りしながら同定も行なう「インターネット図鑑」の輪が急速に広がりつつあります。こうしたＷｅｂサイトを利用しながら、知識を深めていくのも一つの方法です。

インターネット図鑑としてはすでに10年近く活動している老舗の一つ「みんなで作る日本産蛾類図鑑」（http://www.jpmoth.org/）を例にあげてみましょう。タイトル名からは、素人が大勢で寄ってたかって調べるだけのような印象を受けるかもしれませんが、Ｗｅｂサイトの管理者や活発に活動している参加者には、プロの学者や学会などで活躍している研究者も多く含まれています。すでに日本で記録されている６０００種類の蛾のうち70％近い画像を掲載し、蛾について調べるには欠かせない存在です。

　このＷｅｂサイトのシステムは、自分で撮影した蛾の成虫や幼虫の画像を「掲示板」に投稿し、訪問者がみんなでやり取りしながら同定、分かったものは管理人が分類してそれぞれの種の画像ギャラリーに保存します。ギャラリーには、日本の蛾全種の名前のリストや投稿

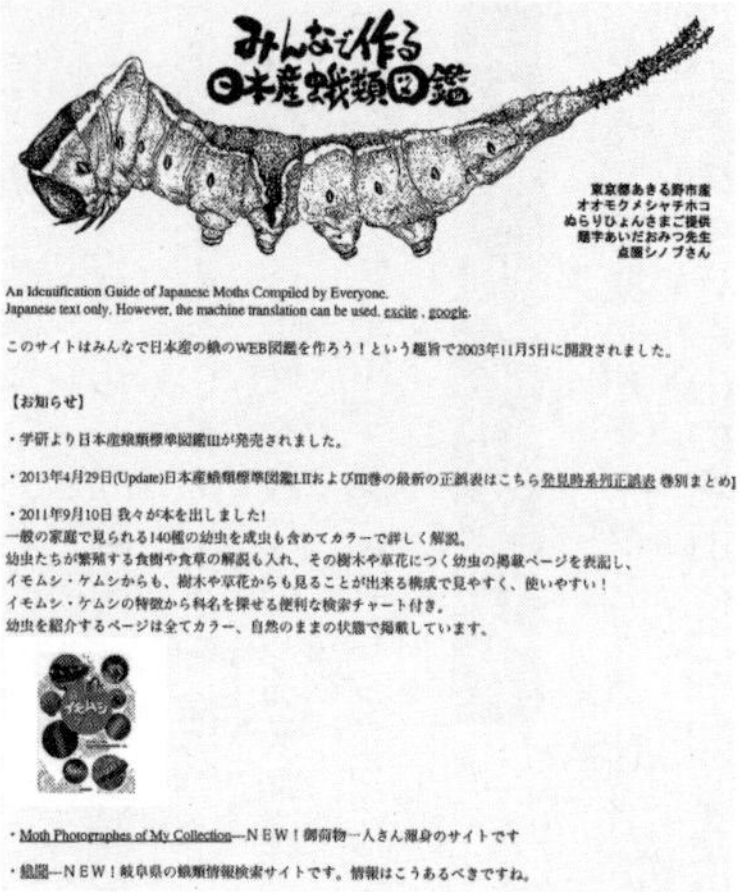

画像一覧とともに、種ごとの分布、幼虫の食べ物、撮影時のデータ、同定した時のやり取りのポイントなどが記載されているので、図鑑のように使うことも可能です。

　自分が野外で見つけた種類を「みんなで作る日本産蛾類図鑑」の膨大な写真のなかから探すのはたいへんですが、子供向きの図鑑などで同じ科や近いグループの当たりをつけてからだと、かなり絞り込むことができます。

ちなみに、最近の子供の図鑑は写真も美しく、見やすい工夫もこらしてあるので、掲載種が多くても使いこなすには一定の知識が必要な専門的な図鑑より入門者にはお奨め。値段も大型の学習図鑑で2000円前後、野外でも使えるポケット図鑑なら1000円以下のものもあってリーズナブルです。

掲示板には誰でも自由に投稿できますが、投稿する際に気をつけることはいくつもあります。たとえば、画像と同時に撮影年月日、撮影地、大きさといったデータを一緒に投稿することが奨められています。細かい情報があれば、それだけ種類を絞り込みやすくなり、画像だけでは難しい仲間の同定に役立つ場合が少なくありません。一方で、自宅の住所などあまり細かい地名を出すと、後に述べるようなトラブルの可能性もあるので、注意が必要です。

もちろん、ネット上でのエチケットに気を使うことも重要です。たとえば、投稿された画像の著作権はあくまでも撮影者にあり、第三者が撮影したものを勝手に投稿することは著作権侵害になるのでできません。また、単に画像と撮影データだけを箇条書きにして大量に投稿し、同定の結果やヒントをもらってもお礼も言わないといった態度は感心しませんし、それをくり返していると掲示板上で相手にされなくなります。さらに自分では調べる努力をまったくせずに、子供の図鑑を見ればすぐに分かるようなものまで質問して解決しようという安直な姿勢も控えましょう。

そして慣れてきたら、自分が知っているものは名前を教える側にまわって、他の人を助けてあげてください。あくまでも生きものが好きな人たちが、好意の助け合いで運営しているということをお忘れなく。

インターネット図鑑は大勢の人とつながっているので、上手に使えばＷｅｂサイト上にあるものだけに限らない、さまざまな情報が手に入る便利なアイテムです。

ブログから広がる自然観察の輪

インターネット上で自然観察についての情報を見てまわるのはたいへん楽しく、ついつい時間を使ってしまうのではないでしょうか。こうした情報のなかには個人が発信しているものも多くを占めていますが、情報を受けるだけではなく自分からも発信してみると、手元にある記録を整理することにもなり、人との新たなつながりから知識や興味をさらに深めることができます。

こうした情報発信に役立つのが「ブログ」です。ブログとは分かりやすく説明すればインターネット上で公開できる日記のようなもの。企業や団体、タレントなどが、宣伝、活動紹介、ファンサービスといった目的で、身近な出来事やニュースを発信しているものを見たことがある人も多いかと思います。ホームページと違って知識や技術がなくても作成でき、毎

日でも記事を更新できるのが魅力です。

インターネットで「ブログ」と検索してみると、記事の作成や投稿が簡単にできる無料のサービスがたくさん見つかるので、これを利用して開設することができます。パソコンが無くても、スマートフォンや携帯電話から作成や投稿ができるサービスもあります。

ブログに掲載する記事にとくに決まりはありません。ただし画像があった方が見やすいのは、他の人のブログをのぞいてみればよく分かります。自然観察がテーマなら、「〇〇に行ったらこんな生きものに会いました」という画像付きの日記のような内容を、定期的に掲載していくだけでも充分。必ずしも種名を同定する必要もないでしょう。

しかし発信しているだけでは、ブログの機

能の一部しか使っているに過ぎません。ブログの多くにはコメント欄があり、訪問者からの投稿もできるようになっています。これを利用して知識や情報の交換を行なえるところがブログの面白さ。

たとえば種名が分からない生きものでも、画像に「これの名前が分かる方は教えて下さい」という記事を添えておくと、訪問者がコメント欄に意見を書き込んでくれる場合も少なくありません。質問するには日時や場所といった画像以外のデータも必要なので、必然的に記録を整理するという副産物もあります。

自然や生きものに関したブログは山のようにあるので、新たに開設したことが知られていなければ、なかなか訪問者がやって来てくれませんが、そんな時はこちらから気に入ったブログを訪問して、コメント欄に「こんなブログを開設したので遊びに来て下さい」と挨拶することで、存在をアピールすることもできます。

さらに、多くのブログが訪問者の数の順位を競うランキングのサイトに登録しておくと、より多くの人の目に触れるようになって訪問者も増えるでしょう。ブログを通じての交流が盛んになれば、実際に会って一緒に自然観察に出かける「オフ会」が開けることも少なくありません。

ブログにつきまとうリスク

ただし、不特定多数に向けて公開されているブログにはリスクもあります。訪問者の素性が基本的に分からないのをいいことに、コメント欄に不愉快な発言をしていく「荒らし」と呼ばれる愉快犯がいたり、業者が宣伝を書き込んだり、わいせつな画像を投稿されるといったイタズラも珍しくありません。

これらを防ぐには、投稿できる訪問者の条件を設定したり、不愉快な記事を削除して再投稿を防いだりといった、ブログに備わっている管理機能を活用する必要があります。これらを使いこなせるまでは、コメントを受け付けないか、管理者が内容をチェックするまで公開しないように設定しておいた方が良いでしょう。

忘れてはいけないのは、ブログに掲載されたり投稿された情報は、世界じゅうのあらゆる人間が見ることができるので、個人情報の管理に十分に注意することです。なかにはブログで得た情報を利用しようとする犯罪者もいないわけではありません。

お店でもない限り、さまざまな詐欺にも簡単に利用される住所や電話番号を、ブログに掲載する人はいないと思います。しかし、たとえば記事の内容から自宅や名前が特定されている管理者が「明日から家族みんなで出かけます」という情報を掲載したら、空き巣にとってはたいへんありがたいでしょう。

多くの管理者がペンネームのような「ハンドルネーム」を使い、自宅の所在地もせいぜい市町村のレベルまでしか公表していないのは、こうした心配があるからです。自分の顔はもちろん、自宅や子供の写真を掲載しないのも、決して過剰防衛とは言えません。

また、生きものの情報の管理にも気をつけましょう。たとえば近所のお宅にある大木を珍しい鳥がねぐらにしているのを見つけたので「○○市○○町で珍鳥発見！」などとブログに掲載したら、大勢のバードウォッチャーが押しかけて、そのお宅や近所に迷惑をかけたという類いの話はよく聞きます。

さらに数の少ない昆虫や淡水魚、サンショウウオなどは、大量に採集してインターネット上で販売するような悪質なマニアがいるので、情報の公開が自然破壊につながる場合もあります。そのため多くのブログでは、生きものの生息地の詳しい情報については、非公開にしている場合が少なくありません。

ブログの危険性ばかりを並べたように見えるので公開を躊躇してしまうかもしれませんが、便利なものには必ずリスクがつきまとうということを念頭に置いて注意深く使えば、ブログは自然観察の世界を大きく広げてくれます。ぜひ積極的に活用したいものです。

未来に伝える自然観察のデータ

私たちアマチュアの自然観察はあくまで楽しみで行なうものですが、そこで集まったデータが自然科学の研究に役立つことも少なくありません。せっかく労力をかけて集めた記録なのですから、消してしまうのはあまりにもったいない話です。

たとえば日本のどこにどんな生き物がすんでいるかといった情報は、さまざまな研究や自然環境を守るための基礎になるものですが、質、量ともにまだまだ少ないのが現状です。また、種類が多い昆虫の場合などは、毎年数十という数の新種が見つかっているほど。このなかにはアマチュアが発見に関わったものも数多く含まれています。研究者の多くが、こうしたアマチュアの貢献を高く評価しているのは、あまり知られていないようです。

自然の変化をモニタリングすることにも、多くのアマチュアが自然観察で集めたデータは役立ちます。今までそこにすんでいた生きものが姿を消したり、見慣れない種類が現れたりするのは、その土地の自然が変化していることの証しですが、これをいち早くキャッチするには、日頃から観察を続けている人の目に頼るしかありません。

最近では、こうしたデータをもとにして、地域の自然環境を守るために行政などを動かす例も増えてきました。感情に流されるのではなく、科学的な根拠に基づいた市民からの要求は、役所にも無視できない力をもっているようです。

もちろん、自然観察は何かに貢献しようと思って行なうわけではありません。しかし、楽しませてもらった自然へのお礼を、それを研究したり守るためのデータで支えるといった形で返してもよいのではないでしょうか。

また、時間を経て積み上げられた一つの地域のデータは、思い出と同じように、地域で共有できるメモリーであると言えるでしょう。そこにはよりすみやすく自然が豊かな地域を作るためのヒントが詰まっています。第三者に伝わるような記録を残すという心構えは、遠い未来の子孫への遺産という意味もあるのです。

あとがき

筆者が自然を観察することに楽しみを覚えた記憶は、おそらく昆虫採集に夢中になっていた小学生の頃まで遡ります。と言うと、子供時代はさぞ自然が豊かな環境で育ったと思われることが多いのですが、あいにく産まれも育ちも東京は新宿大久保。現在はすっかりコリアンタウンと化している職安通りから歌舞伎町にかけてが遊び場でした。いくら昭和30年代とはいえ、小学校の校庭をはじめ土の地面よりもアスファルトに被われた部分の方がはるかに多かったのは、今とあまり変わりません。

それでも盆栽屋をやっていた自宅の庭のツツジにはアゲハが訪れ、塀際のカタバミにはヤマトシジミが発生。夏の朝早くに外灯を見に行けば、夜のうちにやって来たセスジスズメやコフキコガネが帰りそびれてとまっていました。夏休みの終わりころに鳴くツクツクボウシの声でやっと思い出す宿題も、家のまわりで捕まえた昆虫だけで、標本箱一つぐらいは容易に埋めることができたほどです。

カブトムシにもクワガタにも縁のない自然体験でしたが、スター級でない生き物に出会うのも、そのワクワク感に変りはないことや、どんな都会の真ん中でも自然はしぶとく残っているといった、この本のベースになっている考え方は、すでにこの時代に培われていたに違いありません。

その後、お屋敷の多かった大久保の街はめまぐるしく変遷し、緑もすっかり少なくなったものの、子供のころ目にした昆虫たちの多くが、おそらく今でもあの界隈に居場所を見つけてすんでいるであろうことは、この本の読者にはご理解いただけるでしょう。

筆者が審査員を務めている日本昆虫協会の「夏休み昆虫研究大賞」でも、同じように都会の真ん中で昆虫採集を続けている子どもたちが成果を発表し、都市の自然を考える上での貴重なデータを残してくれています。

今の都会の子どもには自然体験が少ないと言われますが、これは都会も田舎も同様です。その原因は環境そのものが無くなってしまったのではなく、ゲームやケータイといった他に関心を引くものが多いこと、親の世代がすでに子どもに伝えられる自然体験を持っていないこと、テレビなどに溢れかえる「すばらしい自然」の情報によって身近な自然がつまらなく見えてしまうことなどによると思われます。

この本が対象としている余裕のある定年世代には、こうした若い世代の自然体験についても支えてもらいたいものです。

都市の自然観察については、10代の頃からご指導をいただいている元国立科学博物館自然教育園研究官の矢野亮先生をはじめ、多くの本が出ているので屋上屋を重ねる感もあります。しかし全体のバランスを考慮してか、本書のように特定の生きものにこだわった内容のものは少ないようです。

その点では「木を見て森を見ず」というそしりを受けそうですが、トウキョウサンショウウオにこだわった結果が里山保全や外来種問題にまで行き着いた筆者としては、「井の中の蛙は大海は知らないが、昼でも遠い宇宙の星が見える」と主張したいところです。

こうしたこだわりの結果、どうしても文章が多くなってしまいましたが、生物イラストレーターの小堀文彦さんのおかげで、図鑑を使わなくても気軽に自然観察ができるように、多くの生きものの姿を掲載することができ、たいへん分かりやすい内容に仕上がりました。

最後になりましたが、著者のわがままをほとんど聞いていただいた東京堂出版の名和成人さんには、心よりお礼を申し上げます。

２０１３年６月

川上洋一

参考文献

『アウトドア 危険・有毒生物 安全マニュアル』篠永哲監修／学習研究社，1997
『生き物を飼うということ』木村義志／ちくま文庫，2005
『いのちの城・大阪城公園の生きもの』追手門学院大阪城プロジェクト編／追手門学院，2008
『江戸名所図会を読む』川田壽／東京堂出版，1990
『大江戸花鳥風月名所めぐり』松田道生／平凡社新書，2003
『外来種ハンドブック』日本生態学会編／地人書館，2002
『カエルのきもち』長谷川雅美他編／千葉県立中央博物館，1999
『かならずみつかる!昆虫ナビずかん』川上洋一他／旺文社，2002
『現代日本生物誌　マツとシイ』原田洋他／岩波書店，2000
『皇居吹上御苑の生き物』国立科学博物館皇居調査グループ／世界文化社，2001
『コウモリ識別ハンドブック』コウモリの会編／文一総合出版，2005
『自然界の密航者』朝日新聞科学部／朝日新聞社，1986
『自然観察のガイド』久居宣夫／朝倉書店，1987
『自然を守るとはどういうことか』守山弘／農山漁村文化協会，1988
『指標生物ー自然を見るものさし』日本自然保護協会／平凡社，1994
『照葉樹林文化の道』佐々木高明／NHK ブックス，1982
『植物と民俗』宇都宮貞子／岩崎美術社，1982
『新版 東京都の蝶』西多摩昆虫同好会編／けやき出版，2012
『絶滅危惧の生きもの観察ガイド・西日本編』川上洋一／東京堂出版，2010
『絶滅危惧の野鳥事典』川上洋一／東京堂出版，2008
『東京都の蝶』西多摩昆虫同好会編／けやき出版，1991
『鎮守の森は甦る』上田正昭他編／思文閣出版，2001
『東京都の保護上重要な野生生物種（本土部）～東京都レッドリスト～ 2010 年版』財団法人自然環境研究センター／東京都環境局，2010
『東京の生物誌』小原秀雄他編／紀伊国屋書店，1982
『東京 消える生き物 増える生き物』川上洋一／メディアファクトリー，2012
『都会のキノコ 改訂版』大舘一夫／八坂書房，2011
『ドキドキワクワク里山探検シリーズ1～5』川上洋一他／旺文社，2003
『都市の昆虫誌』長谷川仁編／思索社，1988
『なぜ地球の生き物を守るのか』日本生態学会編／文一総合出版，2010
『ニッポンのヘンな虫たち』日本昆虫協会監修／学研パブリッシング，2011
『庭のイモムシ ケムシ』川上洋一／東京堂出版，2011
『野や庭の昆虫』中山周平／小学館，2001
『街の自然観察』矢野亮／筑摩書房，1989
『道ばたのイモムシ ケムシ』川上洋一／東京堂出版，2012

雑誌など

『アニマ』平凡社
『インセクタリウム』東京動物園協会
『科学朝日 /Scias』朝日新聞社
『自然はともだち』東京都環境局
『植物の世界』朝日新聞社
『動物たちの地球』朝日新聞社
『どうぶつと動物園』東京動物園協会
『蟲と自然』日本昆虫協会

【ま行】

【や・ら・わ行】

【た行】

【な行】

【は行】

【さ行】

索　引

【著者略歴】

川上洋一（かわかみ よういち）

1955年生まれ。自然科学ライター＆イラストレーター。10代の頃から環境教育に携わり、自然のしくみや豊かさを紹介する図書の執筆のかたわら、里山の生物調査や保全活動にも取り組む。
日本昆虫協会理事、日本鱗翅学会会員。
主な著書に『世界珍昆虫図鑑』（人類文化社）、『かならずみつかる！昆虫ナビずかん』（共著、旺文社）、『東京 消える生き物 増える生き物』（メディアファクトリー新書）、『絶滅危惧の野鳥事典』『絶滅危惧の動物事典』『絶滅危惧の昆虫事典 新版』『絶滅危惧の生きもの観察ガイド【東日本・西日本編】』『庭のイモムシ ケムシ』『道ばたのイモムシ ケムシ』（いずれも東京堂出版）など多数。

資料画＊小堀文彦

日曜日の自然観察入門

著　者　川上洋一
発行者　小林悠一
発行所　株式会社 東京堂出版
〒101-0051
東京都千代田区神田神保町1-17
電話 03-3233-3741
振替 00130-7-270

ホームページ
http://www.tokyodoshuppan.com

2013年7月10日　初版印刷
2013年7月25日　初版発行

印刷所　東京リスマチック（株）
製本所　東京リスマチック（株）

ISBN978-4-490-20833-7 C0045
Printed in Japan 2013